材料成型及控制工程专业人才培养模式改革研究

董福宇　张　悦　著

吉林人民出版社

图书在版编目（CIP）数据

材料成型及控制工程专业人才培养模式改革研究 /
董福宇，张悦著.--长春：吉林人民出版社，2024.
11.--ISBN 978-7-206-21667-1

Ⅰ.TB3

中国国家版本馆 CIP 数据核字第 2024929VZ6 号

材料成型及控制工程专业人才培养模式改革研究

CAILIAO CHENGXING JI KONGZHI GONGCHENG ZHUANYE RENCAI PEIYANG MOSHI GAIGE YANJIU

著　　者：董福宇　张　悦
责任编辑：赵　彻
装帧设计：豫燕川
出版发行：吉林人民出版社（长春市人民大街 7548 号 邮政编码：130022）
印　　刷：唐山才智印刷有限公司
开　　本：787mm×1092mm　　1/16
印　　张：9.5　　　　　　字　　数：131 千字
标准书号：ISBN 978-7-206-21667-1
版　　次：2024 年 11 月第 1 版　印　　次：2024 年 11 月第 1 次印刷
定　　价：60.00 元

如发现印装质量问题，影响阅读，请与出版社联系调换。

前　言

　　随着我国高等教育大众化的不断推进，我国已经成为世界上高等教育规模最大的国家。进入新时代，培养什么人、怎样培养人、为谁培养人成为中国高等教育必须回答的根本问题。随着我国经济的转型和升级，工业发展所要面对的工程问题变得更加复杂，对工程人才的综合素质也提出了更高要求。作为人才培养的主阵地，高校应该积极探索新的人才培养模式，为我国的发展做出贡献。

　　为了促进材料成型及控制工程专业人才培养模式改革，本书首先从高校人才培养模式的内涵与构成入手，进一步阐述大学生就业视角下高校人才培养模式改革的理论依据；其次就高校学科专业建设改革与人才培养、材料成型及控制工程专业进行概述，探讨材料专业人才培养发展模式和基于实践能力结构均衡发展的专业培养模式改革研究；最后就材料专业人才培养的改革研究进行讨论。希望通过本书的探讨，能够为材料成型及控制工程专业人才培养模式改革提供参考，并为相关研究提供新的思路。

　　笔者在撰写本书时查阅了大量资料，在此对相关作家和学者表示诚挚的感谢。同时，若本书存在错漏之处，恳请广大读者批评指正。

目　录

第一章 高校人才培养模式的内涵与构成

教育的根本属性是人才培养,而人才培养模式是人才培养的实施纲领和实施规范,会直接关系到人才培养目标能否实现和人才培养的质量。高职教育作为高等教育发展中的一个类型,肩负着培养面向生产、建设、服务和管理第一线需要的高技能型人才的使命,在我国加快推进社会主义现代化建设进程中具有不可替代的作用。高职教育人才培养模式既不同于普通高等教育培养理论型、设计型人才的模式,又不同于中等职业教育培养技能型人才的模式。高职教育人才培养模式必须紧紧围绕企业和社会的人才需求,同时体现"高等教育"和"职业教育"两种特色,这也是决定高职教育人才培养模式能否成功的出发点和关键点。

第一节 人才培养定位

一、高校在国家人才培养结构中的地位

近年来,我国已经初步形成了多层次、多类型、多形式的高等教育结构体系。系统论认为,任何复杂事物都是一个系统,是由若干要素组成的相互联系、相互作用、不断发展变化的整体。从整个社会系统来看,地方高校的系统层次结构、隶属关系为人类社会系统—文化系统—教育系统—高等教育系统—普通高等教育系统。普通高校要培养什么样的人才,需明确自身在整个系统中处于什么位置,即定位。

如果将国家人才结构体系比作一个金字塔,那么位于塔尖的创新人

才决定着 21 世纪国家的核心竞争力;各类专门人才位于塔身,是国家发展的中坚力量;塔的底座则是大量的高素质劳动者。而每一类人才,其培养模式都是各不相同的。正如美国高等教育思想家克拉克·科尔认为的:一个民主社会应具备至少三种类型的高等教育模式,即培养研究生和开展科学研究的模式,对本科生进行专业训练和普通教育素质培养的模式,培养实用型人才的模式。因此,高等学校应根据各自承担的人才培养职能,开展研究型教育、应用型教育和实用技术型教育并予以分类。因此,我国人才培养结构体系也相应地分为三类:①国家重点高校,主要开展研究型教育;②地方本科院校,主要开展应用型教育,培养各行各业应用型高级专门人才;③高职高专院校,主要开展职业教育。这与联合国教科文组织对高等教育的分类相一致。地方本科院校的首要职能是提供创新、多样化的人才培养模式,以适应社会发展对应用型高级专门人才的需求。

1. 从高等教育在整个社会系统中的定位来看

高校人才培养目标总是与该校在高等教育系统内所处的层次和地位密切相关的。就我国现阶段高等教育体系而言,高等学校大致可以分为三个层次:一是设有研究生院、本科教育与研究生教育并重、教学与科研并重的重点院校,二是以教学为主、以本科教育为主的一般院校,三是以培养应用型、技能型人才为主的专科院校。在这里,地方高校或者地方院校主要是指地方本科院校,属于第二层次的高校,即通常所说的教学型高等院校,其人才培养目标既不同于重点大学,也与专科学校、职业技术学院有所区别。因此,地方高校人才培养呈现出一种较为复杂的状况,但对它的分析离不开高等教育在整个社会系统中的定位。

2. 从地方高校在整个社会系统中的定位来看

高等教育的多样性既需要高校之间进行自由竞争,又需要避免这种竞争的无序化。这就需要强调高校的分层次发展和同层次竞争,高校之间的人才培养层次理应有差别,即有不同的定位。在我国的高等教育系统中,存在着重点高校(进入"211 工程"的高等院校)和普通高校。据统计,"211工程"院校占全国高校的比例虽然不到10％,但科研经费、仪器设备所有量分别占全国高校的72％、54％,有博士学位的教师人数占全国高校中有博士学位教师的87％,覆盖了全国96％的国家重点实验室和85％的国家重点学科。由此可见,重点高校研究实力雄厚,在师资队伍条件、科研环境、教学资金等方面具有较大优势,应主要从事培养基础理论科学和应用科学的研究型人才;而地方高校由于受研究基础、教学资金、师资条件等多方面因素限制,其人才培养目标应定为培养应用型人才,主要为地方经济、区域经济的发展服务。这符合系统论的原理,系统是有层次、有功能的,并且从社会经济结构来说,应用型人才是社会需求量最大的。

3. 从学校内部各要素在学校发展中的定位来看

当一所高校有了明晰的发展定位时,学校内部各要素在学校发展中的定位也就很清楚了,一切都是围绕定位目标进行的,高校会充分考虑自己的办学规模、师资条件、服务面向、学科布局、专业建设、课程体系、管理模式等具体要素,来服务于特色人才的培养。多样化教育的核心内涵是构建多样化的人才培养质量观。在经济、社会高速发展的今天,社会对人才的需求是多样的,学校的学科专业门类、人才培养目标、培养方式是多样的,学生的个性、志向、潜力也是多样的,这些都决定了质量标准的多样化。

二、高校人才培养目标依据

现实的社会人才需求具有梯次性,教育对象在知识素养方面具有差异性,高等教育在对学生知识教育和能力培养的标准与标高方面也具有层次性。地方本科院校由于其特定的地位,决定了它应该而且必须主要承担起对于实用型人才的培养任务。但是,地方本科院校在确立实用型人才基本培养目标的同时,也要注意应用型、技能型人才或高素质劳动者的培养。

1. 劳动力市场分割理论、工作匹配理论与就业目标市场的选定

劳动力市场分割理论认为,整个劳动力市场可以分为性质不同的两

个部分:主劳动力市场和次劳动力市场,二者的人员构成和运行规则有着明显不同。一些经济学家认为,即使在主劳动力市场内部,劳动力市场的特征也是不同的。他们又把主劳动力市场分为两个相互分割的部分:独立主劳动力市场和从属主劳动力市场。独立主劳动力市场的工作性质主要是专业性、管理性和技术性,个人有很大的自主权,鼓励创造、自主等个人品质的发挥;而从属主劳动力市场的工作性质通常是完成某个专门领域的某项专门任务,管理方式常常是制度化和程序化的。

高校人才培养的目标市场大都会选择独立主劳动力市场和从属主劳动力市场。工作匹配理论强调,个人能力和工作特征的交互作用,是个人在某个工作岗位上的生产率的决定性因素,因此,在一个岗位上的生产率是个人能力和工作岗位特性联合作用的结果。在个人能力既定的情况下,一些人会更适合做某些工作,而不适合做其他工作。工作匹配模型认为,某些类型的教育比起其他类型的教育在某些职业岗位上具有比较优势,这说明每种类型的教育都有自己的职业域,都有一组在其中有比较优势的职业,只有当某种类型或层次的教育与某个岗位域的特征相匹配时,接受教育的劳动者才能获得比较优势,工作匹配模型要求教育系统按照发挥某一类型教育在某些职业域中的比较优势的方式来运行。这就要求教育系统更加关注劳动力市场的需求,主动寻找其自身在劳动力市场中的位置,针对该类职业域的特征调整相应的专业设置、培养目标、能力要求等。

2. 学校能级理论、社会分层理论对地方高校的办学定位具有基础性作用

学校分层的理由主要有三个。①学校差别的客观存在。学校差别是学校分化的前提和基础,而学校分化的发展会促使学校差别进一步扩大。②政府希望学校有特色。在专业教育阶段,政府并不希望学校相互模仿与雷同,而是希望淡化学校好坏之分,使其各具特色。③劳动力市场人才的需求具有多样性。

从不同视角可以将高等教育的结构分为若干子系统。它们既在一定

条件下分别决定着高等教育某方面的功能,又相互关联,构成高等教育的整体结构。高校层次结构即其中之一,在国际上被称为"高校的能级结构"。它是指具有不同办学条件和目标、处于不同办学层次的高等学校的构成状态,主要侧重按高校的办学和学术层次及其任务与目标的不同对学校类别结构进行划分。

目前,国际上大致有三种能级:①具有较高学术水平和较强科研能力、教学与科研并重、普通教育和研究生教育并重的研究型高校;②以教学为主、本科为主的一般高等学校;③专科学校、社区学院、职业技术学院、短期职业高校等。这三类学校在服务面向、管理体制、培养目标、专业设置、课程设置等方面都存在较大的区别。各层次的高校承担着不同规格的人才培养任务,它们培养的毕业生要为社会的各种层次岗位服务。社会对人才的需求是立体的、多层次的,因此,按照学校能级理论,地方高校应以培养应用型人才为主。

社会分层理论是西方社会学的重要组成部分,把它用于高校的人才培养目标制定是非常恰当的。在西方社会学中,最早提出社会分层理论的是德国社会学家马克斯·韦伯。韦伯社会分层理论的核心是所谓划分社会层次结构必须依据的三重标准,即财富—经济标准,声望—社会标准,权力—政治标准。地方高校无论在财力、社会声望还是在学术界的话语权方面,都很难与重点高校相比,这就决定了其人才培养目标不能与重点高校雷同或趋同。

3.我国劳动力市场需求状况

地方本科院校作为国家办在地方的高等院校,理应主动适应与满足当地经济和社会发展需求,为各行业工作和生产第一线培养与输送应用型、技能型人才。现阶段我国人才市场的高学历趋势,使本科毕业生就业于一般劳动者的工作岗位,将逐步成为一种普遍现象。这也从一个方面决定了应用型、技能型人才必然成为地方院校的重点培养目标。

把对较高层次研究型人才的培养作为一个激励性目标,既是对地方高校在校学生的激励,也符合这类学校自身发展的需要。首先,在高等教育范畴内,将不同高校人才培养目标确定为研究型人才和实用型人才,这本来就是一个相对的划分。学生在大学本科毕业后,是朝着研究型人才的方向还是朝着实用型人才的方向发展,不同学校的毕业生只有相对的量的区别。事实上,地方院校的本科毕业生也会有一部分考上重点院校的研究生。其次,研究型人才和实用型人才也是相对的。教师、医生、工程师和管理人员是实用型人才,但优秀的、杰出的教师、医生、工程师和管理人员也是本行业的研究型人才或专家。

从生源质量来看,地方高校本科生中每年都有一批知识素养良好,智力、心理素质都十分优秀的学生,他们有着极强的进取心和拼搏精神,通过引导和激励这样一批优秀的青年学生向着更高层次的人才培养目标奋进,无论是对于他们本身还是对于整个学校的学风建设,都是具有积极意义的事情。据我们调查,某师范学院连续 5 年中每年本科毕业生报考研究生的比例达到 30%,录取率为 5%。尽管报考研究生和被录取为研究生的人数都只占在校学生的一小部分,但正是这部分学生的积极进取精神,给一般本科院校的教学和学术研究带来了一股活力与新风。而且,地方高校本身就会由于某些学科优势而设有硕士培养点,硕士培养点设立的意义就在于引导本校学生的提升。

此外,在高等教育大众化的背景下,进入地方高校的教育对象构成本身也发生了许多变化。一些高考文化成绩较差的学生相继进入地方本科院校,由于知识、智力等基础条件的局限,这部分学生进入地方高校后一般都很难适应传统本科学历教育的要求。严格按照传统、统一的学科教学和学术标准要求他们,既不适应经济社会发展对人才多样化的需求,也不符合学生成长和发展的实际。对于这部分学生,应该依据应用型、技能型人才培养的要求进行教育和培养。根据人才培养目标的不同层次实施不同的教育,这也是地方本科院校在大众化高等教育背景下切实保证教育教学质量的根本出路。但如何对这种层次的学生实施有效的教育,也是如今地方高校需要面临的一个新的问题。

一般本科院校的办学层次位于重点大学与高职高专院校之间,且人才培养定位具有复杂性的特点,故地方高校的人才培养目标应定位在以应用型人才培养为主,兼顾学术型人才培养。基于这种定位,地方高校在人才培养上要采取分层培养、分层教学的措施,这样才能取得比较好的效果。当下一些地方高校把人才培养目标定位在纯粹培养应用型高级专门人才上,就显得比较单调,也不太符合学校实情。

我国人口众多,人力资源相当丰富,但潜在的优势并未成为现实优势,我国许多地区就有相当多的专业技术人员处于闲置、半闲置或"在职待业"的状态;有些高校毕业生因专业不对口分不出去,造成人才资源浪费;而我国的人才总量又略有不足,人才占人力资源的比例远远低于发达国家,人才的专业、年龄结构和产业、区域分布的不合理性,使不少地区高级技术人员处在严重缺乏的状态,尤其是创新研发人才、营销人才和网络软件人才非常稀缺。要顺利实施人才强国战略,充分发挥人才在推进我国经济发展新跨越、全面建成小康社会中的重要作用,就必须健全和完善与各类人才特点和促进人的全面发展相适应的人才培养机制。作为我国大众化高等教育的主体,地方高校的人才培养理念和实践将对我国整个高等教育体系和谐发展产生重要影响。但地方高校在发展过程中存在办学层次"攀升"与人才类型"趋同"的趋势,从而引发了高等教育的"悖论"和社会各方面对高等教育的关注。因此,地方高校必须理性对待发展中出现的问题,树立科学的人才培养理念,并在实践中寻求可持续发展的特色之路,以提供"更多的"和"更不同的"受教育机会,满足社会对高等教育的"过渡需求"和"差异需求",提升其在高等教育市场中的竞争力,进而步入可持续的特色发展之路。地方高校为满足多元化、多层次的社会需求,多会使自身教育、培养目标出现多元化、多层次的特征,而地方院校要想与这种教育、培养目标多层次、多元化特征相适应,原有的单一的教育模式就必将被打破,新的多形式、多样化的教育方式将会随之出现。因此,积极探索这种多形式、多样化的教育方式,并使之相互促进,协调发展,这也是地方高校面临的一个新的重要任务。

三、人才培养模式在教育中的地位

人才培养模式是决定人才培养质量的关键因素之一,因为从整个教育过程来看,办学模式是学校人才培养的宏观范畴,是指导学校各项工作的核心,是决定学校发展的基本要素;人才培养模式是学校人才培养的中观范畴,是人才培养工作的具体实施纲领和实施规范;教学模式是学校人才培养的微观范畴,是人才培养模式的具体实施;课程模式是在教学模式的总体框架下人才培养方案的具体落实方法,是人才培养方案的核心,下面对其他三种模式做简要介绍。

办学模式是在教育实践活动中形成的对教育活动具有规范化意义的模式,是能使教育活动中的各要素配置呈现最优化的一种结构体系或程式。从狭义上讲,办学模式是指一所学校为适应当地的经济发展水平和人才需求而建立的一种人才培养的规范。办学模式的形成和来源主要有两种方式:①对学校经验的模式化总结;②在理论的指导下设计实验某种模式,然后进行总结。办学模式具有明显的时代特点,随着现代教育观念的更新、教育改革的深化,办学模式也必将做出新的改造和构建,并不断向多样化方向发展。

办学模式是由一个学校中各种因素按规律构成的,而学校本身也是一个由若干子系统组成的大系统,因此,办学模式就是一个由多个子模式构成的模式群。办学模式是教育实践的产物,是对实践的理论性概括,具有明显的示范性的范式特点,对教育实践有一定的指导意义。构建办学模式的过程,实际上就是学校根据自身的实际情况,在国家教育方针、政策指导下,为实现教育目标而创造性地设立合理的、优化的学校教育结构、教育过程、教育方法三者基本框架的过程。由于学校的实际情况不同,其表现出的办学模式也不同,办学模式具有明显的多样化特点,由此形成了各学校的办学特色。

教学模式是指在一定教育思想的指导下,建立在丰富教学经验基础上的,为完成特定的教学目标和内容围绕某一主题形成的比较稳定且简明的教学结构理论框架,及其具体可操作的实验活动方式。因此,教学模式是指向教学结构的。在现代教学论中,教学结构包括理论结构和实践结构两个方面。理论结构是指教师、学生、教材这三个基本要素的组合关系。实践结构包括纵向结构和横向结构两个方面:纵向结构是指教学过程中各阶段、环节、步骤之间的相互联系,表现为一定的程序;横向结构则是指构成现实教学活动的各要素,即教学内容、教学目标、教学手段、教学方法等因素的相关联系,表现为影响教学目标达成的诸要素在一定时空结构内或某一教学环节中的组合方式。教学模式是对教学结构的一种反映和再现。从静态来看,教学模式是教学结构的稳定而简明的理论框架,是立体网络的、多侧面分层次的,很直观地向人们展示了教学诸因素的组合状态,为人们从理论上认识和把握教学模式提供了重要帮助。从动态来看,教学模式是具体可操作的实践活动方式,是依序运动的、因果相连的,很明确地规范了教学过程的展开序列,为人们在实践中运用教学模式提供了具体指导。教学模式总是和教学目标、教学内容相联系的,后者明确了前者的性质、功能、特点和范围。教学模式本身不是目的和内容,而是实现特定教学目标和内容的工具与手段。教学模式接受教学思想的指导,并具有教学经验的基础。教学思想的指导,可以保证教学模式的科学性和先进性;教学经验的基础,可以保证教学模式的可行性和有效性。教学模式的构成要素包括指导思想、理论基础、功能目标、实现条件、活动程序、效果评价六个方面。

　　课程模式是人才培养方案的核心,是指根据一定的教育思想和理论,选择和组织教学内容、教学方法、教学管理手段,以及制定教学评价原则而形成的一种形式系统。影响课程模式的主要因素有教育思想、办学模式、专业状况及教育技术。

四、高职教育的人才定位

1. 我国高职教育的现状

众所周知,我国高职教育自 20 世纪 80 年代兴起以来,发展迅猛,成效显著。

1996 年,全国职教工作会议提出要发展高等职业技术教育。1999 年初,国家决定扩大高校招生规模,并在 15 个省市进行"双新"高职(新的管理模式、新的运行机制)试验。自此,高等职业教育被正式列入国家教育制度中。1999 年底,教育部在召开的第一次全国高职高专教学工作会议上,对高职高专教育做出如下界定:"高职高专教育是我国高等教育的重要组成部分,要培养拥护党的基本路线,适应生产、建设、管理、服务第一线需要的,德、智、体、美等方面全面发展的高等技术应用性专门人才。"高职教育只有重视学生的"潜质",注重能力的全面培养,才能使学生凭借已获得的基本知识和方法去扩展知识,适应社会发展的需要。从 2004 年开始在全国范围内开展的高职高专院校人才培养水平评估工作中,进一步增强了各级政府和社会各界对高等职业教育的关注与重视;在 2005 年下半年召开的全国职业教育工作会议上,国务院提出要大力发展职业教育,提高高等职业教育质量;2006 年下半年,教育部、财政部启动了"国家示范性高等职业院校建设计划",中央财政为此投入 20 亿元资金;2006 年,《教育部关于全面提高高等职业教育教学质量的若干意见》发布,为提高高职院校办学质量指明了方向。

近几年,我国高职教育作为高等教育的一个类型得到了长足发展,高职院校已是我国高校的重要组成部分,教育部的《2016 年全国教育事业发展统计公报》显示,全国各类高等教育在学总规模达到 3699 万人,高等教育毛入学率达到 42.7%。全国共有普通高校和成人高校 2880 所,比上年增加 28 所。其中,普通高校 2596 所(含独立学院 266 所),比上年增加 36 所;成人高校 284 所,比上年减少 8 所。普通高校中本科院校有 1237 所,比上年增加 18 所;高职(专科)院校有 1359 所,比上年增加 18 所。全国共有研究生培养机构 793 个,其中,普通高校 576 个,科研机构 217 个。

随着高职院校教育教学改革的深入,高职院校培养的人才以其适应性强、针对性强、扎根一线等优势,得到了社会和企业的广泛认可,就业优势明显。

2.高职教育的类型与定位

高职教育作为高等教育发展中的一个类型,肩负着培养面向生产、建设、服务和管理第一线需要的高技能型人才的使命,在我国加快推进社会主义现代化建设进程中具有不可替代的作用。高职院校要坚持育人为本,德育为先,把立德树人作为根本任务。针对区域经济发展的要求,高职院校要灵活调整和设置专业,主动适应区域、行业经济和社会发展的需要,积极推行与生产劳动和社会实践相结合的学习模式,把工学结合作为高职教育人才培养模式改革的重要切入点,带动专业调整与建设,引导课程设置、教学内容和教学方法改革。人才培养模式改革的重点是教学过程的实践性、开放性和职业性。因此,高职院校应当积极推行订单培养模式,并探索工学交替、任务驱动、项目导向、顶岗实习等有利于提高学生能力的教学模式,加强学生的生产实习和社会实践。

高职教育属于5B级教育(按照联合国教科文组织1997年公布的《国际教育标准分类法》),其"课程的内容是面向实际的,分具体职业的,主要目的是让学生获得从事某个职业或行业或某类职业或行业所需的实际技能和知识。完成这一级学业的学生,一般具备进入劳动力市场的能力与资格"。也就是说,高职教育和普通高等教育的区别主要有两点:①它的培养定位是面向一定具体职业的,②它的教学定位是传授实际知识和技能。高职教育的人才定位应坚持以下属性。

(1)高职之高不宜缺位,但也不宜越位。众所周知,教育的发展水平受制于经济的发展现状,在我国推进城市化、工业化的过程中,人才需求层次会呈现一个宝塔形结构。我们所说的高级专门人才,不能简化为高层次人才,而是掌握较高业务知识和技能的应用型人才,更何况,高等教育本身也有一个科学结构和层次。因此,不宜将高职教育的培养层次定位成高层次的专才与通才的统一。高职之高不宜缺位的含义是,高职教育是国家规定的高等教育的一部分,且不同于一般的中专、大专教育,高职教育作为国家高等教育的一部分,在坚持职业导向的同时,还不能忽视文化基础教育和思想品德教育,因此,高职教育是文化基础教育、思想品德教育和专业技能教育三者的统一。而高职之高不宜越位的含义是,一些高职院校为了培养学生的职业技能,提高就业率,不惜压缩正常的课堂教育而去让学生报考各种各样的证书,参加各种培训班,甚至一些院校干脆删减文化基础课的教学,这样做只能适得其反。没有扎实文化基础和良好道德素养的学生能得到用人单位的接受吗?

(2)高职之职不可缺位。所谓高职之职不可缺位,强调的是高职教育的职业性、就业导向性。高职教育设立的初衷就是培养实用型和应用型人才,以满足社会对大量初级、中级技术人才的需要。如果没有了职业性、就业导向性,高职教育便失去了特色,也就与一般的普通高等教育没有任何区别了。当然,目前一些高职院校为了长远发展和保证稳定的生源而极力升本,但从根本上讲,高职院校升本以后仍然要以职业教育作为办学定位。与普通高等教育的最大区别是,高职教育具有职业性,其目的是为特定的职业群培养人才。因此,它的专业设置应该具有职业性特点。

高技能型人才的"高"在于有比较高的立足点,这个立足点建立在新型高等教育层面和新知识、新技术、新工艺、新方法的崭新平台上,并与国际人才平台接轨,高技能型人才不仅要能掌握和使用国际上的先进生产技术,而且要能利用先进的信息手段实现对专业领域高新技术的追踪。这就要求高职教育不断更新教学内容,培养学生对成熟的技术原理和技术规范"用得活、用得新、用得好"的能力;同时,及时引进国际先进技术和培训方法,用明天的技术培养今天的学生;此外,还应着力培养学生的学习能力和信息处理能力。

高技能型人才的"高"在于有较强的现场适应能力,即具有"一专多能"的特点,在培养规格上体现了复合性。高技能型人才除了要精通和掌握本专业岗位群主要工种、各类设备的操作技能,对相关专业工种的知识和技术也要有相当的了解,并具有运用交叉专业技术知识解决实际问题的综合技能。例如,学机械类专业的要懂电工与电子知识,学环境保护类专业的要懂生物技术知识,学管理类专业的要懂国际贸易知识等,这是高技能型人才适应现代化企业高效率生产的需要。高职教育要在课程、专业方向上让学生有更多的选择,如设置复合型专业或"一专多辅"。

高技能型人才的"高"在于有很高的职业素质和敬业精神,具备在一线工作的意识和素质,有高度的社会责任感和服务意识、艰苦创业的意识、企业的主人翁意识、立志成才和终身学习的意识,吃苦耐劳,乐于奉献;热爱本职工作,对本专业工种有着浓厚的兴趣和深厚的感情,立足平凡岗位,刻苦钻研技术业务,不惜克服重重困难,去解决生产中一个个难题,并能在实践中不断探索、不断总结、不断积累、不断提高。因此,高职教育要注重学生知识、技能、素质的全面发展,加强对学生的职业道德与职业理想、就业观与创业观的教育。

3. 高职人才定位分析

随着我国经济建设的健康快速发展,社会对人才可以从不同的角度加以分类,比如,从生产或工作活动的目的来分析,现代社会我国的人才可分为学术型(理论型)、工程型、技术型和技能型四类。按照联合国教科文组织1997年颁布的《国际教育标准分类法》,分别与普通高等教育培养学术型、工程型人才相对应,高职教育培养的是高等技术应用型人才。所谓高等技术应用型人才,是指能将专业知识和技能应用于所从事的专业社会实践的一种专门的人才类型,是熟练掌握一线的社会生产或社会活动基础知识和基本技能,主要从事一线生产的技术或专业人才,其具体内涵随着高等教育的发展而不断发展。

高等技术应用型人才培养模式以能力为中心,以培养技术应用型专门人才为目标。这里要求的"能力"既是岗位能力,又是职业岗位群能力;既是专业能力,又是综合能力;既是就业能力,又是一定的创业能力;既是再生性技能,又是创造性技能。这里要求的"技术"是在一定的科学理论基础上,超越一般技能,具有一定复合型特征和综合性特征的技术,既包括经验技术,又包括理论技术。在 20 世纪前,技术仅指技能与工艺,主要依据经验积累而成;在 20 世纪时,科学化、理论化是现代技术的最大特征;到了 21 世纪,技术的性质和功能越发明确。过去的技术多指生产工艺,现在的技术则扩展为营销、管理和服务等多个领域的"手段和活动"。由此可见,现代技术除物质性技术外,还包括非物质性技术。因此,重新审视技术型人才和技能型人才也是一项十分重要的工作。由于以往构成技能型人才劳动的主要成分是动作技能,技能型人才一般由中等职业教育来培养。随着现代科技水平的不断提高,许多技能型人才的劳动组成中的智力成分不断增加,因而高级技能型人才与技术型人才日趋接近。所以,高等技术应用型人才和高级技能应用型人才都应该成为高等职业技术院校的培养目标。与其他类型人才相比,高等技术应用型人才主要有以下特点。

(1)高等技术应用型人才的知识结构是围绕着生产一线的实际需要设计的,在课程设置和教材编撰等基本环节上,特别强调基础、成熟和适用的知识,而相对忽略了对学科体系的强烈追求和对前沿性未知领域的高度关注。

(2)高等技术应用型人才的能力体系是以生产一线的实际需要为核心目标的,在能力培养中特别突出对基本知识的熟练掌握和灵活应用,对于科研开发能力没有过高的要求。

(3)高等技术应用型人才的培养过程更强调与一线生产实践的结合,更加重视实践性教学环节,如实验教学、生产实习等,并且通常将此环节作为指导学生贯通有关专业知识和集合有关专业技能的重要教学活动,而对于在研究型人才培养模式中特别重视的毕业设计与学位论文,一般没有过高的要求。

总之,高等技术应用型人才主要是应用知识而非科学发现和创造新知识,在社会工业化乃至信息化的过程中,社会对这种人才有着巨大的需求,也正是这种需求,为高职院校的发展提供了广阔空间。

第二节　人才培养模式的内涵

一、人才培养模式

人才培养模式是高等教育领域的基本问题。"人才培养模式"最早出现在文育林于 1983 年发表的文章《改革人才培养模式,按学科设置专业》中,该文章主要是关于如何改革高等工程教育的人才培养模式。之后,也有一些高校和实践工作者继续讨论医学及经济学等各领域的人才培养模式及其改革,但都尚未明晰何为人才培养模式,对其内涵的把握也较为模糊。随着高等教育的改革,高等教育理论工作者也开始关注这一问题,并试图界定其内涵。刘明浚于 1993 年在《大学教育环境论要》中首次对这一概念做出明确界定,提出人才培养模式是指"在一定办学条件下,为实现一定的教育目标而选择或构思的教育教学样式"。教育部首次对人才培养模式的内涵做出直接表述,是在其 1998 年下发的文件《关于深化教学改革,培养适应 21 世纪需要的高质量人才的意见》中指出,"人才培养模式是学校为学生构建的知识、能力、素质结构,以及实现这种结构的方式,它从根本上规定了人才特征并集中地体现了教育思想和教育观念"。

20 世纪 90 年代以来,随着人们对人才培养模式关注度的提高,相关的研究迅速增多,形成了几种较为典型的界定观点:①人才培养模式是人才的培养目标、培养规格和基本培养方式;②人才培养模式是学校为学生构建的知识、能力和素质结构,以及实现这种结构的方式;③人才培养模式是指在一定的教育思想和教育理论指导下,为实现培养目标(含培养规格)而采取的培养过程的某种标准构造样式和运行方式;④人才培养模式是教育思想、教育观念、课程体系、教学方式、教学手段、教学资源、教学管理体制、教学环境等方面按一定规律有机结合的一种整体教学活动,是根据一定的教育理论、教育思想形成的对教育本质的反映。这些界定观点有一些共通之处，即基本上都是指在教育思想、教育理论指导下的一种关于人才培养的方式，但也存在分歧：在人才培养模式的指向上，存在强调培养目标还是强调素质结构的差异；在人才培养模式的属性上，有些学者认为应该是一种静态的"方式"，而有些学者认为应该是一种动态的"过程"，更多学者则认为应该是静态与动态的结合；在人才培养模式的外延上，少数学者认为人才培养模式包括整个教育管理活动，一些学者把人才培养模式限定在"教学活动"中，更多学者则持中间立场。笔者认为，"人才培养模式"是由"人才培养"和"模式"两个基本概念组成的。人才培养就构成要素来讲，包括人才培养者、人才培养措施和人才培养对象；就范围来讲，包括社会的人才培养和学校的人才培养，通常所指的人才培养是学校的人才培养。学校的人才培养是学校的人才培养者采取某种人才培养措施，从而使人才培养对象（学生）的身心发生合乎目的的变化的活动。也就是说，人才培养者在培养活动开始之前就预设了一个目标。如果培养对象达到了人才培养者预设的目标，那么一个培养过程就算完成了。由此可见，在人才培养过程中，培养目标和培养措施是两个必不可少的因素。

模式就是解决某一类问题的方法论，是人类认识能动性的表现，是在尊重和把握事物发展客观规律及形态结构的基础上，对未来的新发展提出的解决方案。每个模式都描述了一个在环境中不断出现的问题，然后描述了该问题解决方案的核心。通过这种方式，可以无数次地使用那些已有的解决方案，无须再重复相同的探索工作。不同的领域有不同的模式，建筑领域有建筑模式，设计领域有设计模式，一个领域逐渐成熟的标志就是会出现很多模式，所以人们通常把模式理解为样式或范式。因此，模式是指运作主体基于一定的预期目标需要，对事物发展过程中的要素进行排列组合，并在动态中予以监控和调整的相对稳定的体系。模式具有客观性，它是由系统或事物的要素和结构的客观性决定的；模式具有主观性,它是基于一定认识经验设计的具有选择性的方案;模式具有建设性,它会打破原有形态或习惯常态,对功能要素进行重新组合;模式具有风险性,在实验或推广中可能偏离预期目标。

人才培养模式既不能限定在教学过程中,也不能泛化到高校的整个管理层面,它是一种结构与过程的统一,是静态模式与动态机制的统一体。理由在于,人才培养模式不仅涉及"教学"过程,更涉及"教育"过程,它是对教育全过程的描述,远远超出了教学的范畴。当然,人才培养的过程也不是毫无边际的。人才培养模式是教育各要素(如课程、教学、评价等)的结合,但这个结合并非一个呆板的组织样式,而是一个动态的、强调运行过程的结构,是在一定的教育思想指导下,为实现预设的培养目标而形成的标准样式及运行方式,是理论与实践的衔接之处。人才培养模式要能够反映一定的教育思想、教育理念,它是理想人才的培养之道,是理论的具体化,同时具有可操作性,是人才培养的标准样式,但它又不是对具体的技术技巧或实践经验的简单总结。人才培养模式既是一个由诸多要素组成的复合体,又是一个由诸多环节相互交织的动态组织模式,其中涉及培养目标、专业设置、课程体系、教育评价等多个要素,以及制定目标、培养过程实施、评价、改进培养等多个环节。人才培养模式是有层次的:最高层次的人才培养模式是主导整个高等教育系统的模式,如素质教育模式、通才教育模式、专才教育模式;第二层次的人才培养模式是各高校倡导、实践的培养模式;第三层次的人才培养模式则是某专业独有的培养模式。

综上所述,人才培养模式是指学校为实现人才培养目标而采取的培养过程的构造样式和运行方式,这种构造样式和运行方式需要合乎一定的准则,并具有可推广性,它解决了教育中"培养什么样的人才"和"怎样培养这样的人才"这两个根本性的问题。这个定义有以下几个方面的含义。

(1)人才培养模式是建立在一定的人才培养思想或理论基础之上的,

可以把人才培养模式看成培养某种人才思想或理论的应用化、具体化和操作化。

（2）人才培养模式并不是唯一的，它是相对于同一人才培养思想或理论指导下的其他人才培养模式而言的。建立人才培养模式依据的人才培养思想或理论不同，人才培养模式就会不同。

（3）人才培养模式是较为稳定的人才培养活动结构框架和活动程序，这种结构框架和活动程序是人们可以效仿的。

（4）人才培养模式具有规范性和可操作性。

二、高职教育人才培养模式的构成要素

由于建立人才培养模式的标准不同，人才培养模式也多种多样，但无论哪种人才培养模式，都是以"培养什么样的人才"和"怎样培养这样的人才"为主题的。通过分析比较各种不同类型的人才培养模式，可以发现人才培养模式的构成主要包括教育观念、专业设置、人才培养目标、人才培养方案、人才培养内容、人才培养手段与方法、人才培养制度、人才培养评价这八个核心的一级要素。

1. 教育观念

教育观念是指人才培养活动遵从的观念和原则，是教育工作者对教育活动的认识、理解、观点和价值取向的总称。它是人才培养模式的第一要素，规定着人才培养活动的性质和发展方向。高职教育观念是指高职教育的理性认识、理想追求及其秉持的高职教育思想，是一种观念，更是一种境界。高职教育的根本任务与总体目标是面向生产、面向基层、面向管理和服务第一线，培养实用型、技术技能型、劳动型的人才。首先，高职教育要体现高等教育特色，要注重提升培养对象的知识结构，强调专业基础教育，使学生具备与高等教育相适应的基本知识和理论，掌握本专业相应的新知识、新技术和新工艺。其次，高职教育必须体现"职"的含义，要使培养对象具有较强的实际动手能力和分析、解决实际生产问题的能力，

以区别于研究型教育和工程型教育;具有较宽的知识面及较高的技术技能和操作水平,以区别于中等职业教育;要重视提高培养对象的职业能力,对学生进行职业思维能力的培养。

2.专业设置

专业设置是学校教学工作主动、灵活地适应社会需求的关键环节。高职教育作为高等教育的一种类型,在专业设置方面必须有自己的特点,其专业方向应具有较强的职业定向性和针对性。在专业设置上要处理好三个方面:①要树立市场意识,主动适应地区产业结构的调整;②要解决好专业口径的问题,设置复合型专业,拓宽学生的就业适应面;③要处理好专业调整和相对稳定性的关系。一个专业的成长需要时间、人力、物力上的保证。专业建设不仅要满足现在的需要,也要考虑到未来的需要。要特别加强专业内涵建设,既要注意专业前景,也要考虑专业发展的基本条件。要通过整合、交叉渗透等形式,实现对传统专业的提升和改造,使之更加符合社会的需要。

3.人才培养目标

人才培养目标是指学校对培养对象设定的人才培养的类别、规格和质量标准的总规定,它是教育理念的具体化,是人才培养活动的预期结果。人才培养目标一般可以表述为"培养社会发展需要的,具有某些素质的全面发展的人才"。这里的"全面发展的人才"是指身心和谐发展的人才,并不是"百科全书式"的通才。人才培养目标可以有多种表达方式,但无论怎样表达,其基本精神都应该包括以下几点。

(1)体现方向性,即培养出的人才为谁服务。

(2)培养公民或建设者,即培养出的人才是一个既履行义务又享受权利的社会成员。

(3)注重全面性,即培养出的人才是身心和谐发展的。

(4)崇尚个性,即培养出的人才有自己的特点。

(5)考虑多方面的需要,即培养出的人才不仅能谋生而且会休闲,懂得追求与满足物质和精神方面的需求。

（6）拥有现代品质，即培养出的人才具备与现代社会相适应的进取精神、协作意识、自主性、时效观念等品质。

4.人才培养方案

人才培养方案是指学校根据人才培养目标对人才的知识结构、能力与素质结构、培养过程与环节、课程体系及教学内容的总体设计与构建。它是人才培养目标实践化的实施蓝图，也是人才培养活动具体化的计划形式（也称"人才培养计划"）。人才培养方案主要包括人才规格与定位、培养要求、教学计划、课程设置、教学大纲的设计和课内外教学环节的安排等内容，其中，教学计划是指课程、学时、学分、教学顺序、教学过程和考核形式的设置与安排。

高职教育的总体培养目标是使学生具备从事一种或一类职业的能力，因此，高职教育的人才培养方案必须以培养学生职业能力和职业素质为宗旨，要从人才的社会需求调查和职业岗位（群）分析入手，分析出哪些是从事职业岗位（群）工作所需的综合能力与相关的专项能力，然后从理论教学到技能教学，从内部条件到外部环境，从教学软件到教学硬件，对专业教学进行全面系统的规划。人才培养方案是教学计划的拓展、外延和深化。要制定人才培养方案，首先，必须了解相关行业的基本情况，包括本行业背景和行业内企业的数量与规模、生产技术水平，对一线技术人才和管理人才的需求及学生个体需求进行分析；其次，根据"有效需求"的原则，进一步分析相关职业岗位的实际需求与分布情况，把专业培养目标进行分解、细化；最后，确定职业综合能力（跨职业的专业能力、方法能力、社会能力、个人能力）。高职人才的素质主要包括人文素质、专业素质。人文素质包括政治思想素质和道德品质素质。政治思想素质教育的核心是教育学生做一个忠诚于人民的人，道德品质素质教育是对学生进行认识、情感、意志、行为的形成与发展的教育。专业素质是高职学生必须具备的素质，是立身之本，是为社会经济发展服务的直接本领，主要包括专业开发素质、专业管理素质和创新素质。

5.人才培养内容

人才培养内容是培养者作用于培养对象的影响物,主要以课程的形式来体现。人才培养内容既包括课内教学的学科课程和课外教学的活动课程等显性课程的教学内容,又包括影响学生人生观、价值观和行为方式的校园文化因素等隐性课程的培养内容。

课程是人才培养内容的主体,其编制体现为制订课程计划、制定课程标准和编写教材三个层次。课程计划居于最高层次,它是根据培养目标制定的有关学校教育教学工作的指导性文件,主要内容包括课程设置、考试考查等。课程标准是以纲要形式编定的有关学科教学内容的标准性文件,它是课程计划的具体化,也是编写教材的直接依据,居于第二层次。课程编制的第一个问题是设置哪些课程,从理论上讲,设置的课程越多越好,因为这样可以让学生获取更多的知识。然而,学生学习的时间和精力是有限的,在浩如烟海的各种现代课程中,需要有选择性地学习能够反映培养目标要求的课程。因此,高等教育一般分专业和科类设置课程。某一专业或科类设置课程可以划分为三个部分:①公共基础课程,侧重通识知识的传授;②专业基础课程,侧重专业基础性知识的传授;③专业课程,侧重专业知识的深化。这三个部分中各类课程所占比例是与培养目标相联系的。如果培养目标侧重培养通才,则公共基础课程所占比例相对较大;如果培养目标侧重培养专才,则专业基础课程和专业课程所占比例相对较大。课程编制的第二个问题是每门课程的具体内容该如何编制。按照课程内容是偏重知识体系还是偏重生活经验,可以将课程分为学科课程和活动课程两类。学科课程是从各学科中选择适合一定年龄阶段学生发展水平的知识,组成不同的具有各自逻辑系统的科目。这种课程不仅便于教师组织教学,也有利于学生在短期内完成该门学科系统知识的学习,因而受到普遍的支持和欢迎。然而,学科课程的缺点也是显而易见的,由于分科过细,只关注知识的逻辑体系,容易造成知识灌输,忽视学生的个性发展,脱离学生的实际生活,不易调动学生学习的积极性。活动课程则打破了学科知识的逻辑组织界限,以学生的兴趣、动机、需要和能力为基础,以学生的生活经验为中心来组织课程内容,其优缺点正好与学科课程的优缺点相互弥补。考虑到两类课程的特点,以及高等教育属专业教育的性质,高等教育阶段学科课程占有绝对的优势地位,活动课程占很少的比例。这就引出了课程编制的第三个问题:人才培养的课程主要由各自拥有自己知识逻辑体系的学科课程组成,那么各个课程之间该如何做到有机统一。显然,这种统一不仅涉及课程三大部分之间的统一,也涉及各部分内部课程的统一。总体来看,要在培养目标的要求下,考虑知识的系统性和学生的认识规律,要在学科知识的深度与广度、博与专之间确立科学化的结构方式。课程编制的第四个问题是课程结构的多样化,这是从满足学生的不同个性需要考虑的,那便是在不违背科学性、系统性的前提下,各学科和跨学科的课程有较灵活的结构方式,允许学生有一定的选择自由。

我国高职教育发展方式正在从注重外延扩张向注重内涵提升转变,而高职教育的课程模式无论在结构上还是在内容上都已经成为高职教育发展过程中的主要瓶颈之一,如何构建符合高职教育自身规律的课程模式,已经成为高职教育界广大学者的共同课题。经过多方实践与探索,高职课程改革的突破口在于,从岗位(群)工作任务分析入手,打破学科体系,从工作结构中获得课程结构,并根据工作任务特点组织课程教学实施,从而形成以工作任务为中心、以基于工作过程系统化课程为主体的高职课程模式。这样的课程模式体现的是高职教育的职业性、技术性和应用性。因此,高职课程模式的核心理念是以职业能力为主线,以职业生涯为背景,以岗位需求为依据,以工作结构为框架,以工作情境为支撑,以工作过程为基础。高职教育课程体系有别于学术教育课程体系,从二者的结构和功能来看,学术教育课程体系对应的是学术结构,其主要功能是培养学术型人才;而高职教育课程体系对应的是工作结构,其主要功能是培养面向生产一线的、具有良好理论基础和较强实践动手能力的技术应用型人才。这就是结构与功能相统一的理论——不同的能力不仅来自不同的知识,而且来自不同的知识结构。因此,要在遵循高职课程模式核心理念的前提下,进行高职课程体系的开发。

6.人才培养手段与方法

人才培养手段与方法是指在培养活动中采用的方式和方法。它既包括培养者与培养对象在培养活动中采用的教与学的方式和方法,也包括进行培养活动时运用的一切物质条件。培养者与培养对象只有凭借这些手段和方法,才能完成教与学的任务。由于学校人才培养主要是通过教学这一基本途径实现的,讨论人才培养手段与方法主要涉及教学方法的问题。

教学方法多种多样,但在众多的教学方法中,能让学生尽快掌握教学内容和形成技能的有效教学方法一直是人们追求的目标。有效教学方法是在对方法本身的特点和适用范围、教学内容特点、学生身心发展水平和教师个人特点做综合分析的基础上得出的。

在选择和运用教学方法时,要防止两个误区。①过分批判传统教学方法(如讲授法、演示法等),而竭力抬高一些所谓的新方法在教学中的作用。其实,方法仅是一种手段,不管哪种方法,只要能调动学生的学习积极性,使学生尽快掌握教学内容和形成技能,都是好的方法。即使用传统的讲授方法,很多教师的课听来也生动有趣,学生还能从中大获裨益。②过分依赖多媒体设备与技术,夸大多媒体在教学中的作用。其实,一堂课的好坏与多媒体技术运用得多寡没有必然联系。与传统的"黑板加粉笔"的教学手段相比,多媒体有自己的优势,但是,由于多媒体课件是在课前就准备好的,它在适应课堂教学变化方面就显得不足,而且过多依赖多媒体教学可能会出现师生围着机器转的现象。因此,应仅把多媒体看成一种教学的辅助手段,而不能过分依赖。由此可见,在选择和运用人才培养手段时,坚持科学的培养理念是十分重要的。

7. 人才培养制度

人才培养制度是指有关人才培养的重要规定、程序及其实施体系,是人才培养得以按规定实施的重要保障与基本前提,也是在培养模式中最为活跃的一项内容。高等教育人才培养制度包括专业设置制度、修业制度和日常教学管理制度三类。专业设置制度是高等教育部门根据学科分工和产业结构的需要设置的学科门类,它规定了专业的划分及名称,反映了培养人才的业务规格和就业方向,通常包括设置口径、设置方向、设置时间和空间等内容。修业制度有学年制和学分制两种形式。学年制高度结构化,课程有严密的层次划分及先后顺序,课程修习以学时、学年为计算单位,便于统一培养人才,不足之处主要在于缺乏灵活性。学分制按院(系)招生,按学科专业类制订教学计划和组织基础教学,学生学习的自主权较大,可以实行弹性学制。然而,学分制也有不足之处,主要表现在教学计划的完整性、系统性不易保证,教学内容和质量标准缺乏统一要求。

8. 人才培养评价

人才培养评价是对人才培养目标、培养过程、培养质量等方面进行评判的环节,它不仅能够衡量人才培养活动的目标实现与否,也能够衡量人才培养的过程和方法科学与否。

高等教育人才培养是一个统一的过程,各个环节都需要一定的评估措施以保证人才培养的质量。在培养入口上,需要选择有一定培养潜能的学生进入高校,通常通过高考的方式完成。在培养过程中,不仅要通过考试或考查的方式对学生的学业成绩进行评价,还要通过多种方式对学校的办学思想、办学条件、教师、课程与教学等进行评价。在培养出口上,高校通过设定一定的标准,以能否获得毕业证书和学位证书作为人才培养是否完成的标志。由于高等教育与社会紧密联系,在设定各种评价标准时,要使社会需求能够得到充分反映。

综上所述,人才培养模式构成要素包括教学活动的方方面面,也涵盖教学质量形成的各个环节。提升内涵质量自然是从优化或强化这些环节和要素着手,所以说创新人才培养模式是提高高职教育教学内涵质量的基本途径和有效措施。

三、高职教育人才培养模式的特征

人才培养模式是指学校为实现人才培养目标而采取的培养过程的构造样式和运行方式,这种构造样式和运行方式需要合乎一定的准则,并具有可推广性,它解决了教育中"培养什么样的人才"和"怎样培养这样的人才"这两个根本性的问题。人才培养模式包括多个要素,所以即使培养同一类型的人才,其培养模式也不是唯一的,而是可变和多样的,但对于某种类型的教育模式,为实现其特定的培养目标,就必然有风格或特征较为稳定的基本范型。高职教育是高等教育的一个类型,属于高等教育的范畴,但又绝对不等同于传统意义上的本科或专科教育,它不仅具有高等教育的属性,也具有职业教育的属性。因此,高职教育的人才培养就是以直接满足经济和社会发展需要为目标,以培养学生的社会职业能力为主要内容,以教学与生产实践相结合为主要途径和手段的人才培养,是学校和用人单位共同确定的具体培养目标、教学内容、培养方式与保障机制的总和。与普通高等教育相比,高职教育人才培养模式的基本特征主要体现为:以培养高等技术应用型专门人才为根本任务;以培养技术应用能力为主线,设计学生的知识、能力、素质结构和培养方案;以"应用"为主旨和特征,构建课程和教学内容体系;实践教学的主要目的是培养学生的技术应用能力和综合职业能力,并在教学计划中占有较大比重;重视"双师型"教师队伍的建设,并视其为提高教育教学质量的关键;学校与社会行业及用人部门相结合,师生与生产、建设、管理、服务第一线的劳动者相结合,理论与实践相结合是人才培养的基本途径。当然,随着高等教育的逐步普及,高职教育和普通高等教育在人才培养上的差异也将逐渐缩小。高职教育人才培养模式具有以下特征。

(1)人才层次的高级性。高职人才必须具备与高等教育相适应的基本知识、理论和技能,掌握相应的新知识、新技术和新工艺,具有较强的实际动手能力和分析、解决实际生产问题的能力,以区别于研究型教育和工程型教育;还要具有较宽的知识面及较高的技术、技能和操作水平,以区别于中等职业教育。无论这种技术、技能岗位多么趋前,工作内容多么具体,动手程度多么高,都必须通过高职教育才能获得,仍然属于高等教育培养的范畴,这就是人才层次的高级性。

(2)知识、能力的职业性。高职教育是以职业岗位群的实际需要为依据制定人才培养方案的,是在进行职业能力分析的基础上,构建学生的知识、能力、素质结构,确定具体的培养目标和人才规格,明确列出高职毕业生应具备的职业道德、职业知识和职业能力。同时,职业知识和职业能力的提高,要着眼于对产业结构和产品结构的调整,不断更新教学内容,调整课程结构,注重知识的横向拓展与结合,体现知识的先进性和应用性,培养学生掌握新设备、新技术的能力。因此,这种毕业生具有上手快、适应性强等特点。高职教育人才知识、能力的职业性,体现了它隶属职业教育的本质属性。

(3)人才类型的技术性。高职人才不仅掌握某一专业的基础理论与基本知识,更重要的是他们具有某一岗位(群)所需的生产操作技术、技能和组织能力,能将研究型人才或者工程型人才的设计意图或工艺思想应用到具体技术、技能操作的实践中去,并能在生产现场进行技术指导和组织管理,解决生产中的实际问题,是一种专业理论够用、生产技术操作熟练和组织能力强的复合型、技术型人才。他们除了具有必备的专业知识,还具有较强的管理和实践能力。理论与实践的紧密结合是高职教育鲜明的特色。

(4)培养手段的多样性。高职人才的培养目标决定了其培养手段的多样性。在教学形式上,不仅有一定的理论教学,而且注重实验、实习、设计、实训等实践教学,以培养学生的综合职业能力。

(5)毕业生就业的基层性。由于高职教育培养的学生是为生产第一线服务的,高职人才就业具有很强的基层性。例如,工科类高职毕业生主要去企业生产一线从事施工、制造、运行、检测与维护等工作,经济类高职毕业生主要去财经部门或企业部门从事财经管理工作等。高职毕业生就业的基层性是高职教育的生命力所在。

第三节　现行人才培养的主要模式

为实现高校可持续转型发展,近几年,各地方高校纷纷根据市场需求,从各地实际出发,探索出许多人才培养模式。

一、"党管人才"与市场导向相结合的人才培养机制

人才的基础环节在于人才培养,承担"人才培养、知识创造、文化传承和服务社会"职能的地方高校,在新形势下肩负着重要的历史使命。2003年12月,全国人才工作会议就提出要坚持"党管人才"原则。我国高等教育现阶段实行党委领导下的校长负责制,这是坚持党对高校领导的根本要求——推动和保证高等教育事业健康发展的客观需要,是我国高等教育事业社会主义性质的本质要求,也是高等教育事业发展基本经验的总结,此种结构体系在一定程度上也是"党管人才"的思想反映。《中共中央、国务院关于进一步加强人才工作的决定》明确指出,"党管人才"主要是管宏观、管政策、管协调、管服务。各级党委(党组)需要按照管好管活的要求,重点做好五个方面的工作,即搞好统筹规划、坚持分类指导、注重整合力量、积极提供服务、实行依法管理。也就是说,"党管人才"在一定程度上要求党和政府对高等教育实施计划、组织、协调、控制的管理过程,制定一系列政策、法律制度和行政法规,采取一些必要的措施促使高校人才培养新格局形成,为高校人才培养创新提供条件,对高校人才培养加以协调,使高校人才培养适应产业结构调整及转型需要,为地方经济振兴提供知识、技术和智力支撑。

在社会主义市场经济条件下,高校人才培养应以市场需要及社会对人才的需求为导向,从价值规律的角度出发,推动教育创新,优化教育结构,改革培养模式,提高教育质量,培养"有用且用得上"的社会需求人才,使人才符合供求关系,实现人才资源的合理配置。

地方高校要服务于振兴,也要在服务振兴中发展。地方高校在"党管人才"即党和政府宏观调控下,以市场为导向,适应地方经济社会需要,以战略性眼光高瞻远瞩,依据条件的变化和改革进程的推进,对人才培养机制做相应调整。"党管人才"与市场导向二者的辩证关系,在构建服务地方经济社会发展的高校人才培养机制前提下,市场导向是基础,"党管人才"是保证,"党管人才"在协调与服务中优化市场导向。这是地方高校发展的新高度,从高校的职能来看,教育存在的根基,即要面向经济社会发展需求,与时俱进,服务于社会。社会需求决定了市场导向的基础作用,它对构建地方高校人才培养机制具有先导性的推动功能。其要点主要包括以下几个方面。

(1)"就业率"是检验高校生产效益最重要的标准之一。高校应注重找准人才培养与人才需求的契合点,以就业为导向来调整学科结构、专业设置、人才培养方向、人才培养模式等,把握市场先机,优化人才培养结构,结合学校本身的办学定位和发展战略,努力提高就业率。地方高校应转变办学指导思想,根据不同类别、不同层次人才的特点,确立不同的培养目标和重点取向,培养多层次人才及社会需要的复合型人才。

(2)"党管人才"是保证高校人才培养的大方向,防旱防涝,使其终归于一,汇入大海,以服务地方经济社会发展,服务国家大局为最终目的。"党管人才"在市场导向的基础上,尊重市场导向并诊治市场导向引发的"并发症",系统调整和服务,在构建服务地方的先导性高校人才培养机制过程中,发挥调控功能。

①党和政府宏观调控人才培养机制,健全教育政策及教育发展规划,降低因市场导向带来的人才培养无计划性,把握人才培养方向。除现有

的"教育为老工业基地服务行动计划""紧缺人才培养培训工程""高校科技创新服务振兴工程"等超前性短期、中长期发展规划外,制定相关的教育法制体系,消灭高校人才培养的隐患因素,促进人才培养规划有理有序进行,保障人才培养总体目标实现,营造有利于高校人才培养的政策、法律环境。

②党和政府宏观调控高校的结构调整与专业建设,帮助高校肩负起为经济转型培养相应人才的使命,适应地方经济体制转轨、结构调整、产业升级对人才培养的要求。

③党和政府完善对高校的服务功能,统一领导,整合各界力量,为高校改革建设提供资金及能源支持。此外,党和政府要发挥舆论导向功能,鼓励广大高校学生掌握实用技术知识,营造地方经济振兴高校人才培养的舆论环境和社会环境。

④党和政府从宏观角度创新高校人才培养机制。从高等教育发展的长远目光来看,政府应尽力避免新形势下由市场导向带来的高校人才培养职能混乱局面,弱化重点院校培养实用型、职业型技术人才的职能,使重点院校专心于培养创新拔尖人才;强化专科院校培养技能型人才特别是高级技能人才的职业教育使命。

二、基于就业力提升的人才培养模式

目前,业界对于"就业力"的概念尚未达成共识。国际劳工组织(ILO)指出,就业力是个体获得和保持工作,在工作中进步以及应对工作和生活中出现的变化的能力。维基百科将就业力定义为获得初次就业、保持就业,以及在必要时获得新就业的能力。国内许多专家、学者对就业力做了研究,认为就业力不仅包括保持和更换工作的能力,还包括个体在职业生涯中永续实现自我的能力。综合国内外的观点,就业力即就业竞争力,是个体在就业过程中表现出来的综合素质和实力,既包括就业所需的知识、技能等硬实力,也包括性格气质、沟通协调、团队协作及就业技巧等软实力,还包括个体独具的就业核心竞争力。大学生就业力主体对象是高校毕业生,大学生就业力即高校毕业生就业竞争力,是高校毕业生在就业过程中表现出来的综合素质和实力。

以提升就业力为导向的高校人才培养模式,是从教育教学内容和方式方法两个方面入手的,即对课程体系设置和教育教学方式两个方面进行改革,是通过课程嵌入就业力及对教学过程的优化来构建的。

1."三位一体"的就业力嵌入式课程体系

学科专业是高校与社会联系的纽带,课程设置则是学科专业的集中反映与体现,也是实现教育教学目标的重要途径,高校要培养适应社会需求的人才,就必须在优化专业结构的基础上进行课程改革,在课程改革中更加注重对学生综合能力的培养,构建以市场需求为导向,有利于提升大学生就业力的综合课程平台体系,即"三位一体"的就业力嵌入式课程体系。所谓"三位一体",便是集专业理论、创新实践及就业指导三位于一体。这种体系要求在课程中不仅注重专业理论知识的学习和积累,更重视创新实践环节,重视学生的职业生涯规划和就业知识与技能的培养,并将就业力的提升全程渗透,贯穿始终。

2.基于就业力提升优化教育教学方式

探索新的教育教学方式,应该以企业和社会需求为导向,以培养与提升学生的创新精神和创造能力为主线,围绕人才培养目标,运用学生自主学习、合作学习与探究学习等方式,充分整合校内外各种资源,搭建各种学生创新实践平台,全面提升毕业生就业力。教育教学方式主要包括各种形式多样的专业技能竞赛、学术活动、职业资格培训、工作室、科技创新团队、顶岗实习,以及卓越工程师计划等。

三、校企合作人才培养模式

随着高校毕业生逐年增多,失业人数也越来越多,给高校、大学生、家长、社会带来了莫大的压力。一职难求,零薪资就业已是摆在广大高校毕业生面前的严峻事实,高校人才培养与企业人才需求间的实然矛盾突出。一方面,每年都有一部分学生不能顺利就业,就业在"量"上遇到了问题;另一方面,大部分学生学非所用,找的工作与自己所学专业不对口,现实与理想不统一,就业在"质"上遇到了问题。那么,高校人才培养与企业人才需求间应然统一的对接点应该是高校培养出来的人比较能满足企业的需求。因此,校企合作将实现互惠互利,不仅有利于高校有针对性地培养人才,促进高校自身发展,也有利于通过高校的技术指导,推动企业的良性循环和可持续发展。

(一)校企合作人才培养主要模式

按照经济社会发展和用人单位的需求,培养实践性、操作性、应用性强的高技能型人才,实现学校和企业之间零距离对接,是地方高校的核心优势。实行灵活多样的学习方式,突破传统大学全日制的学习方式,将全日制与部分时间制相结合,并逐步将工学交替、双元制、学徒制、半工半读、远程教育等纳入进来,为学生提供更加方便的、灵活多样的学习途径。特别是,具有中国传统教学优势的学徒制,可以通过与企业联合招生培养的方式,进一步发扬光大。

1.校企合作办班模式

学校根据企业对人才的具体需求,专门开设一个或若干个班级,有针对性地制定人才培养方案和教学计划。企业直接为学生提供实习和实训基地,并进行岗位轮训,提升学生的实践操作能力,校企合作班培养出来的人才能被合作企业广泛吸纳,人才输出通道顺畅。同时,直接与企业打交道,有利于高校"双师"型教师理论教学与实践教学能力的培养,有利于产、学、研相结合。

高校与企业合作办班,设立大学生实习项目,定向为企业培养人才。企业与高校都要从人力、物力、财力方面给予一定的投入,为合作班的大学生设立一些实习项目。学生在进入高校以后,首先接受两年的基本教育,第三年学生根据需求可以加入合作班。合作班根据企业特点和需求,通过有针对性的课程设置和培养工作,将学生培养成适应企业特点的人才,同时缩短毕业生到企业以后的适应期。

校企合作办班模式的优势很明显,一是合作方式较为灵活,二是班级人数较少,既便于学校组织教学与实践活动,也便于企业消化人才。因此,这种人才培养模式被许多中高职院校和企业共同采用,办班的形式也在不断更新,出现了定向录用班、定向委培班、企业订单班及"企业冠名班"等形式。然而,校企合作办班模式也有其局限性,比如,人才培养面向单一的企业,或多或少会造成学生专业系统理论知识的缺失;校企双方追求利益的角度不一致也容易出现人才培养断层现象,给学校与企业造成一定的师资和设备的浪费。

2.校企合作办学专业模式

校企间深层次的合作办学模式,主要有以下几种形式。

(1)工学结合模式。工学结合模式是一种采用"2+1"或"3+1"的人才培养方式,即把工程和学程结合起来的人才培养模式。根据真实情况下的生产、服务的技术和流程建设教学课程环境,按照产业实际应用的设备、工艺建设实训基地,根据产业和企业发展遇到的实际问题设定教学与研究课题。高校负责2年或3年的人才培养任务,教学以理论课为主,辅之以实验、实训等实践性教育教学环节。学生在这2年至3年内要完成基本理论课的学习,修满学分。企业负责1年的人才培养任务。学生最后1年的学习由学校理论学习阶段过渡到企业实践培训阶段,在这一年内要完成实习实训报告、毕业设计等任务,这就是所谓的"2+1"或"3+1"。这种模式的最大优势是实现了校企之间的无缝对接。

(2)工学交替模式。工学交替模式是一种在校学习和在企工作交替进行的人才培养模式,采取分段式教育教学完成人才培养任务。校企之间共同制定某一专业人才培养方案、教学计划和生产实习计划,学生通过企业提供的相应工作岗位,边学习边工作,实现学习和工作两不误、两相帮。该模式最大的优势在于,学生能将在校所学的专业技术理论与企业生产活动的需要有机结合起来,培养学生运用专业知识解决实际问题的能力。企业合作方为高校学生提供校外实习实训基地,使高校培养出来的人才更加符合企业之需;高校合作方为企业降低员工前期培训的成本,并为企业提供高技能、高素质的熟练工,从而提高企业的市场竞争能力,实现高校和企业的"相互反哺"。但是,这种人才培养模式过程比较烦琐,容易导致高校、企业和学生之间承担的责任发生冲突。

3."订单式"人才培养模式

"订单式"人才培养模式是一种学校和企业"签订契约、订购用人"的人才培养方式。合作企业向学校"下单",订购一定数量的毕业生;学校根据企业的"订单"招收学生;学校和企业双方共同签订用人协议、共同制定人才培养方案、共同利用双方资源,实现校企合作共赢;合作企业参与人才质量评估,并按照协议约定落实学生就业。这种人才培养方式最大的优势在于实现了"高校人才输出"与"企业人才引进"的无缝对接,学校培养的"产品"适销对路,实现了招生与就业的统一。但是,这种人才培养方式要求校企双方做到:学校能培养企业需要的特殊人才、企业对人才有批量需求,企业能在未来三年到五年甚至更长时间内稳定发展,其培养方式将在"学校教育质量、企业经营风险"和学生就业双向选择上承担风险。

4.校办企、企办校模式

自从我国有了"学校办企业,企业办学校"的人才培养模式,经过几十年的发展变迁,现已演化为教学管理和企业运营合一、职业教育和企业生产合一模式,主要有以下几种。

(1)校中厂、校外厂模式。学校根据自己的实力办自己的企业,校办企业所需的人才全部由学校提供,学校整合资金、场地、设备、师资、技术、人才等要素实行企业化教学、科研和生产活动,实现教学、生产功能一体化。如清华大学、北京大学等高校在中关村开办的高科技产业公司,就属于校办企,能够实现人才招生、培养与使用的一致性。

(2)厂中校、厂外校模式。企业根据自己的经济实力投资创办学校,圈地建设办公楼、教学楼、实验室、学生宿舍和生活设施等,引进师资,开办自己的学校,培养人才。例如,福建省内的私营学校——软件学院,就属于企业办校。

(3)大学生创业基地和产业孵化园模式。高校根据政府提供的政策,从实际出发合理开办大学生创业基地或产业孵化园。在校学生可以从自己所学知识和市场需求出发,制订创业计划,充分利用各种有利因素,积极开展创业活动。高校可以组建专家评估鉴定小组,遴选优秀的企业计划方案,支持大学生创业实践,并为其提供政策、技术等方面的咨询和指导。高校还可以聘请一些创业成功的校友来学校做专题讲座,让在校创业的学生做好各方面准备,降低风险,实现更高层次的就业、创业,这是一种创新型的人才培养模式。

5.建立实习基地模式

建立校企合作伙伴关系。建立校企合作规划和合作培养机制,探索学校和企业互建实训基地的模式,尝试引校进厂、引厂进校、前店后校等校企一体化的合作形式,使学生在企业一线经验丰富的技术人员指导下,参与生产或技术项目,培养学生的实践能力。同时,在真实的生产环境中,培养学生软技能和认真负责的工作态度,实现学校人才培养融入企业生产服务流程和价值创造过程。

加强与企业合作。学校积极与企业签订协议,建立"大学生实习基地",让企业参与学生实践经验的培训,利用寒暑假把学生送到企业去实习,让学生熟悉企业的运作过程,增加学生的工作经验。学校可以组织教师到企业参加相关项目合作,帮助教师了解企业的管理、生产情况和所需的工艺技术。学校也可以直接从企业引进专家任教或任客座教授,做本科生或硕士研究生的导师,做好教师和企业高级人员的双向兼职、双向流动工作。

6.现代学徒制人才培养模式

地方高校人才培养机制改革,要注重实践课程和实习环节。在课程设置上,要以培养学生运用理论知识解决实际问题能力为目标,大幅度提高实践性课程和案例课程的比重:在四年制的培养方案中,可设置至少两个"实习学期"作为所有学生的必修环节。现代学徒制人才培养模式突破了原有的思想观念,强调职业教育和职业培训不再应该是职前与职后两种类别,而应该是融合在一起并同时进行的一种创新模式。企业人才需求的"绝对匮乏"与高校人才培养的"相对过剩"是一对现实的矛盾,要解决这个矛盾,校企合作培养人才是必然要求。为了进一步加强人才培养成效,实现学校与企业的双赢,校企合作人才培养模式要实现"六个合一",即学生与学徒合一、教师与师傅合一、教室与车间合一、作品与产品合一、理论与实践合一、育人与创收合一,使高校与企业之间真正实现技术、设备、场地、资源、信息和人才的无缝对接。

(二)校企合作人才培养过程中需要解决的问题

校企合作共同培养和使用人才,是解决目前高校人才培养"相对过剩"和企业人才需求"绝对匮乏"之间矛盾的必由之路。高校通过与企业开展合作,能够充分利用企业资源,完成培养目标,实现人才培养适销对路;而企业通过与高校开展合作,能够获取自己所需的人才,更好地实现企业既定的发展目标。为了实现校企合作人才培养的良性发展,必须解决合作过程中的一些问题。

1.合作的层次问题

目前,许多高校与企业之间有合作培养和使用人才的愿望与热情,但仍缺乏深入的合作,往往只停留在"文本合作"的初级阶段,合作推动工作存在着许多困难,导致合作停滞不前、流于形式和表面化。其实,高校与企业应根据自身的具体情况,开展不同层次的合作:既可以开展企业为高校提供大学生实习实训、社会实践基地的浅层次合作,又可以开展学校为企业提供咨询、培训等服务,企业向学校投入产学研资金的中层次合作,还可以开展校企相互渗透、利益共享、教学—科研—生产"三位一体"的深层次合作。

2.合作双方的地位问题

目前,在校企合作过程中,往往会出现学校"一头热",而企业缺乏积极性,处在观望状态的现象。校企合作双方地位模糊,就容易导致权责不一致。学校是理论教学基地,企业是实践培训场所,学校和企业是合作的两个基本要素,二者既有宏观上的分工又有微观上的融合,其有机结合是实现既定目标的有效途径和有力保障,是培养理论和实践紧密结合的复合型人才的一种教育模式,这种模式强调的是两个主体在培养技能型和实用型人才的过程中应有的共同责任与共同作用。合作的双方是平等的,但双方的地位可依合作模式不同而有主次之别。

3.合作双方的付出与回报问题

企业与学校共同培养技能型人才是一件大好事,学校与企业也都能充分认识到校企合作办学的必要性,但都或多或少地顾虑付出与回报不对称的问题。有的企业认为,这种合作费时、费力、费钱,不如直接通过招聘获得所需人才省事;有的企业认为,合作周期长,不能满足企业当前的人才短缺问题,"远水解不了近渴";有的企业担心合作成果最终不能为企业所用,担心留不住合作培养的人才。高校则担心合作培养的人才不能被企业吸纳,担心新型的培养模式造成大学生就业难问题;部分教师认为,合作模式必然会或多或少地调整自己的学科专业结构,要花费很多时间重新学习新知识,他们担心原有的传统学科专业结构被荒废而新形成的学科专业结构用不上,将得不偿失。其实,选择了合作,校企之间就必须真诚相待、勇于担当、共同付出、共担风险、同享收益。

4.合作的长效机制问题

校企合作人才培养模式能否实现良性、可持续发展,关键在于合作机制是否具有长效性。近几年,校企合作在机制上存在着瓶颈,导致双方很难深入推进。目前,校企合作普遍处在自发、浅层、松散的合作状态,这实际上是一种"有合无作"的格局。这些问题主要出在:学校有热情,却能力不足;企业有需求,却主动不足;政府有认识,却政策不足。为此,高校应主动深入企业,宣传学校、了解企业,以企业需求为中心,主动调整人才培养方案、课程设置和教学计划,为校企合作奠定办学的基础。企业也应主动深入高校,宣传企业需求的人才规格,共同研究制定人才培养方案,了解高校人才培养的全过程,了解办学过程中的困难和问题,认真考量校企合作的双赢问题,加强互信,主动帮助学校解决办学中的困难和问题,加大对高校的资金投入力度,为校企合作奠定硬件基础。政府更应主动深入高校和企业,牵线搭桥,出台可操作性强的支持校企合作办学的合理政策,积极为地方经济社会发展做贡献。

四、适应社会需求的创新型人才培养机制

高等教育是随着社会发展而发展的。现代科学技术在社会生活中的应用导致社会中各行各业的分工不断强化,从业人员的岗位日益专业化,职业的专业化反过来要求高等教育培养专门化的人才。在计划经济时代,我国高等教育受计划管理体制的影响,人才培养接受指令性计划,曾在特定的社会环境中起到了积极作用。在市场经济时代,高等教育的人才培养以市场需求为主导,以满足社会需要为核心。环境的变化对高等教育人才培养机制提出了新的挑战,同时带来了机遇,这就要求高等教育主动适应外界环境变化。尽管整个高等教育体系是多层次、各具特色的发展结构,但关注社会发展对人才需求的特征是一个共性问题,正如牛津大学前校长卢卡斯说:"事实上,大学一直是服务于社会的,不断调整自身从而回应社会不断变化的需求。"

面对日趋激烈的市场竞争,社会对人才的需求呈现出明显的特点。①人才需求以应用型为主。市场竞争对人才的要求是千差万别的,但大致上可以分为两大类:一类是发现和研究客观规律的研究型人才,另一类是将客观规律的原理应用于实践并带来利益的应用型人才。面对日趋激烈的市场竞争,社会分工日益细化,社会对人才的需求呈金字塔形。塔尖是少量的研究型人才,社会发展与进步需要这些人去探索和发现客观规

律;塔基是大量的从事与实际问题相关的应用型人才。参与分工合作和市场竞争的企业,需要越来越多的熟练劳动者、经营管理者、工程技术人员等应用型人才。②复合型人才备受青睐。随着"互联网＋"时代人才培养的国际化,新技术大量采用,新行业不断涌现,社会结构发生着重大变动,使人才的流动性和竞争性加剧。仅有一技之长而无多种才能的人是难以适应如今的社会需要的。面对日趋激烈的市场竞争,企业更注重人才的通用性和综合性。懂技术、懂管理、熟悉国际游戏规则的人才最为短缺。构建这种人才培养模式的主要思路有以下几点。

(1)从低年级开始引导学生做好职业规划。学生在进入大学后,学校要积极帮助学生进行自我评价,确立职业目标,可以通过第一课堂与第二课堂的有效结合,制定相应措施来实施计划,要考虑从入学到毕业这个过程中该如何塑造学生的特性,培养其可能从事职业的相关素质,从而提高其适应社会的能力。例如,入学第一学年,可以通过入学教育、成功校友的讲座、"大学生职业生涯规划"培训等,帮助学生了解专业性质、专业能力要求、专业学习的价值和专业前景等,广泛了解各种职业,启发学生对未来职业的规划;第二学年,可以就某一职业进行寒、暑期实习,组织学生参加一些与专业相关的科研训练、科技类比赛竞赛;第三学年,引导学生根据自己实习的体会,确定职业方向,并通过开展职业测评、组织职业咨询、开设课程和社会实践等方式,帮助学生认识自我、认识职业,提升能力并进行初步的职业生涯规划;第四学年,引导学生增加与职业方向相关的知识积累,培养学生的职业道德素养和社交等方面的能力,为步入社会打下坚实基础。

(2)学校要提供更多的学习资源,制定灵活的考核方式,以满足不同类型学生发展的需求;要相应地提供更多的学习资源,增加选修课程的数量,以满足不同类型学生发展的需求。在课程设置上,学校可以考虑多种内容和形式,甚至是一次暑期实习或社会实践,都可以作为一门选修课程;在考核方式上,学校也可以根据课程特点采取不同的方式,即便同一门课程,对不同的学生也可以采取不同的考核方式。例如,对于一般学生,可以采用常规考核方式;对于求知欲强、喜欢钻研的学生,可以列出几个问题,让其查阅资料写出一份分析报告;对于动手能力强的学生,可以为其提供实验条件,针对某一问题进行实验研究,提交一份实验结果作为考核;等等。

(3)完善校企合作机制。由于人才需求与高校人才培养目标脱节,部分院校在发展过程中会遇到三个主要问题:①"先天不足",即应用型人才培养起步晚、基础差、经费保障能力不强;②"后天失调",即双师型队伍不足;③"发展趋同",即众多高校贪大求全,在人才培养的具体策略上没有特色。高校要厘清思路,结合实际,创新人才培养模式,为行业、企业培养急需人才,积极为地方经济社会发展服务;加强校企合作,共同制定战略,形成产学研共享、共建的柔性机制。企业要健全高校学科专业、实践基地、特色课程、教学场所等无缝对接模式;要从经费、用人、基础建设等政策上加以倾斜,切实为高校排忧解难,解决问题,打造环境,支持高校走好产教融合、校企合作、转型发展的新路子,推行"引进来、走出去"战略,让新进教职工深入企业一线进行锻炼,鼓励理论教师"走出去",不断学习、深造,形成师资队伍建设的长效机制,可以与地方政府、企事业单位、社会团体积极进行沟通,调查本地区人才需求。

五、基于创业创新的人才培养模式

面对目前的市场需求,传统人才培养模式已不能适应现代教学的需要,为了能培养出具有创业创新能力且兼有技术与艺术的复合型人才,人才培养模式必须得到创新。以数字媒体技术人才培养方案设计为例,其设计思路是通过分层教学实现对创业创新型数字媒体技术人才的培养,应该把专业定位在数字媒体的后期制作与合成上,熟练掌握数字视频和音频的采集、制作与合成上,以及数字媒体资源管理。这一类的数字媒体技术专业人才,除了具备数字媒体技术的基础知识与技能,还必须具备良好的创业创新精神、承担风险与压力的能力，以及团队合作的能力。学校可以根据不同类型的企事业单位对高职数字媒体技术人才的要求，从数字媒体技术专业培养复合型人才的基本要求出发，制定人才培养方案。

在整个人才培养方案中，学校需要将创业创新教育与专业教育相互融合，并在专业教育的过程中融入创业创新教育，还需要充分注重学生创新精神的培养。例如，建立专业课程实验、课程设计、实习实训、社会实践和毕业设计（论文）等比较完整的实践体系，增强学生的工程意识和动手能力；减少课内授课学时，同时增加课外学习时间以培养学生的自主学习能力；在课堂教学中提倡研究型、问题式、讨论式的教学方法，通过实行师生互动培养学生的问题意识和质疑精神。学校可以设立创新实验室，扩大实验室开放程度，支持学生参加各种课外科技创新竞赛活动，对学生课外科技成果奖励学分，鼓励学生大胆创新、勇于实践。

第二章 大学生就业视角下 高校人才培养模式改革的理论依据

第一节 人力资源理论

一、人力资源及相关概念释义

目前,人们对"人力资源"一词并不陌生。此术语也曾出现在中央政府文件和政策法规中,并被社会广泛接受和使用。但是,关于人力资源的概念和理论,还有很多人不甚了解。鉴于此,我们有必要对人力资源的相关概念、科学内涵和外延加以讲解,为研究奠定理论基础。

所谓"资源",一般是指某种可以利用、提供资助或满足需要的东西,泛指所有能创造财富、带来福利的要素或手段。经济主体面对的客观环境,其基本特性就是资源的稀缺性,即相对于经济主体的自利目标来说,可利用的资源不是应有尽有的,或者说相对于人们无限的需要而言,资源及其使用价值是有限的。资源的稀缺性,是经济行为主体面临的基本约束,这个约束使人们的实际经济行为表现出种种有限理性,也因此产生了如何有效配置和利用资源这个基本的"经济"问题。资源多种多样,具体归纳起来有时空资源、物质资源、精神资源、人力资源和金融资源等。

人力资源首次出现于康芒斯的《产业信誉》一书中,康芒斯也因此被认为是使用"人力资源"概念的第一人。现代意义上的"人力资源"概念是由著名管理学大师彼得·德鲁克在其名著《管理的实践》中首次提出并加以界定的。随着时代的发展与进步,人力资源的重要功能日益凸显,对人力资源的相关研究也日益增多。

人力资源在最广义上泛指一个经济社会拥有的全体人口,在具体的经济分析中,它可以有不同的口径或范围;在狭义上指某特定领域的劳动力人口或从业者群体蕴藏的劳动能力总和,也称"劳动力资源"。与其他资源相比,人力资源具有以下特性。①人力资源具有能动性。人力资源在经济活动中总是处在主导地位,控制和主宰着其他资源的开发与利用。②人力资源具有一定的时效性,不能无限期储备。从个体来看,劳动者的工作寿命和劳动能力都要受到人的自然生命过程与不同生命阶段的制约;从总体来看,人力资源的构成,特别是年龄的构成,总是随着时间的推移而发生变化。人力资源具有时效性就意味着,如果不及时进行开发和利用,就会造成人力资源的损失和浪费。

就我国发展经济社会而言,坚持"以人为本",大刀阔斧地进行教育制度创新,将全面协调可持续发展的基点放在人力资源均衡化投资上,是一个很实际的对策。

二、人力资源理论的内涵及发展

在不同的地方,"人力资源"有不同的名称。在管理学领域,它被称为"人力资源";在经济学领域,它被叫作"人力资本";而在人口地理学领域,它被称作"人口"。本书主要研究就业视角下的人才培养模式,主要是从经济学研究视角的人力资本理论和管理学研究视角的人力资源理论出发。早期关于人力资本理论和人力资源理论的研究主要有两个结论。

第一,人的价值在经济增长过程中处于重要地位。人力资本和物力资本都能带动经济发展,人们在追求经济增长的同时,需要把目光集中到人的身上。

第二,在对人的管理从"机器管理"到"系统化管理"的过程中,逐渐改变将人看作机器的做法,转而开始注重环境、心理、情绪等因素对人的影响。激励方式也从单一形式转变为对人的本性和真实需要的关注,强调通过多种途径寻求多种激励方式提高员工的满意度。

(一)人力资本理论

对人力资本的认识因研究者关注的侧重点不同而有所不同。比如，有的研究者认为，人力资本是体现在劳动者身上的资本，如劳动者的知识技能、文化技术水平与健康状况等；有的研究者认为，人力资本是人们对劳动者个体投资获得的，能够增加个人未来收益，促进国民经济增长的知识与技能及其表现出来的能力，是对人力资源开发进行投资而形成的资本。人力资本将潜在的生产力在生产劳动中与物质资本结合转化为现实生产力而实现其价值。这里作为人力资本投资者的"人们"，既包括劳动者个人，也包括雇主和社会。简而言之，人力资本概念的内涵有两个：一是凝结在人身上的"人力"，二是可以作为获利手段使用的"资本"。

人力资本有其独特性。人力资本与物质资本一样，都能使价值增值，但它有自身的独特性。第一，人力资本具有生命周期性和可再生性。第二，人力资本具有主体性和意志性。第三，人力资本是个体性和社会性的统一。人力资本的物质载体是人本身，而人是生存于特定的社会环境中的，因而人力资本的变化受到各种条件的制约，包括经济条件、生理条件、生产关系、社会制度、文化习俗、宗教信仰等。

迄今为止，持人力资本观点的研究者众多，观点各异，但是在人力资本理论的两个基础认识上保持高度一致：第一，学校教育能够提高个人的生产能力；第二，具有较高生产能力的个体可以在劳动力市场上获得较高个人劳动收入，即工资。

20 世纪五六十年代是人力资本理论的形成和确立时期，其后人力资本理论在与各个理论流派的不断论争中得到进一步深化和完善。人力资本理论的进一步深化发展主要体现在对其研究领域的拓展上，主要包括：第一，对人力资本投资问题的深入研究；第二，对人力资本投资与经济增长关系的深入研究；第三，对人力资本与个人收入分配关系的深入研究；第四，对教育和高新技术发展的研究；第五，对教育的规模经济和范围经济的研究。

半个多世纪以来，人力资本理论的研究者众多，影响比较大的有西奥多·威廉·舒尔茨、雅各布·明塞尔和加里·贝克尔。舒尔茨是现代人力资本理论的开创者。1960年,他在美国经济学年会上发表了题为《人力资本投资》的演讲,不仅明确提出了"人力资本"的概念,而且论述了人力资本的性质、人力资本投资的内容与途径、人力资本在经济增长中的关键作用等人力资本理论的基本原理和政策意义,进而引发了其他研究者对人力资本理论的研究热情。

明塞尔也是人力资本理论的创始人之一。他对人力资本理论的主要贡献在于:第一,通过他的人力资本投资收益模型,更清楚地表达了人力资本投资收益率的经济含义,即人力资本投资中不仅包括亚当·斯密所说的补偿费用,而且包括实践和机会成本;第二,较早地提出了人力资本收入函数;第三,运用人力资本理论和方法,研究了劳动供给问题,促进了劳动经济学的发展。

贝克尔是人力资本理论的集大成者。他对人力资本理论的突出贡献在于,在微观经济学理论的基础上,使用定量数据实现了对人力资本理论的验证分析和理论的体系化。

随着知识经济的进一步发展,传统经济理论研究逐渐显现出它的弊端,新经济增长理论将人力资本作为一个独立的变量纳入经济增长模型,并使之内生化。这也充分说明人力资本理论给予人们的思想以洗礼,同时具有现实价值,二者都极大地推动了人力资本理论的发展。因此,可以说人力资本理论是经济学家在经济发展过程中发现"人力资源"价值的过程。

(二)人力资源理论

"人力资源"一词由管理学家彼得·德鲁克于1954年提出,他认为人力资源与其他资源相比,有其特殊性和发展的历程。本书主要从人力资源理论产生的背景,以及发展出发,简要分析人力资源理论,以期指导培养模式改革的实施。

1.人力资源理论产生的背景

人力资源理论源于文艺复兴时期,得益于资本主义制度和公司制度的建立,早期关于人力资本理论的研究为其打下了坚实的理论基础,但其真正形成是在 20 世纪 50 年代的美国。也许有人会产生疑问,为何产生于美国,而非其他国家?笔者认为主要有以下原因。

总的来说,美国是一个移民国家。从反抗英国殖民统治的独立战争、政权建立、西进运动、经济危机到世界大战,以及工业革命等,这些事件无不影响着美国的一切。人力资源理论的诞生与美国的政治、经济、文化等因素的发展有极为紧密的联系。

首先,美国独特的价值观,即个人主义,是一个相当重要的影响因素。一部分美国民众作为欧洲的后裔,继承和发展了欧洲的资本主义精神。发轫于欧洲的文艺复兴,强调人文主义,反对禁欲主义,倡导个性的解放,提倡个人自由主义。马丁·路德发起的宗教改革运动和市场伦理的建立,也进一步解放了人的思想。《简明不列颠百科全书》将个人主义解释为一种政治和社会哲学,高度重视个人自由,广泛强调自我支配、自我控制、不受外来约束的个人或自我。

其次,美国当时的经济处于快速发展阶段,发达的经济为人力资源理论的产生提供了物质基础和巨大的刺激力量。因为参与第二次世界大战,美国大发横财,战后迅速成为世界霸主。之后,美国选择采取冷战战略,这也使其工业取得了飞速发展。

另外,人力资源理论的产生背景,不仅需要繁荣的经济环境,也需要相对稳定的政治环境。三权分立的政治体制,既是美国自由主义价值观的产物,也为美国个人主义价值观的发展提供了政治上的保障。个人主义价值观的形成和发展也为今后人力资源理论的产生与发展打下了坚实的思想基础。

2. 人力资源理论的发展

基于个人主义价值观的影响,随着经济的发展,在马歇尔计划实施后,西欧国家迅速得到恢复,于 20 年间经济增长了 5 倍,如此迅速的恢复,引起美国经济学家的关注。研究者通过研究发现,之所以西欧国家发展比较快,是因为这些西欧国家拥有丰富的技术和具备学习新技术能力的工人,这样的国家一旦给予物质资本的援助,经济便会取得较快发展,而发展中国家由于缺乏这样的人力资源,即使给予物质资本的帮助也不会得到较快发展。

加之个人价值观的影响,千百年来,随着经济的发展,研究者都在探求"人"的价值。二战后,美苏之间的竞争对人力资源理论的产生起到积极的推动作用。20世纪50年代,苏联的经济发展速度超过美国,加之第一颗人造卫星的成功发射大大刺激了美国,美国政府开始组织研究者进行研究。在科研领域,二战以前的美国以应用研究和开发研究为主,二战以后的美国逐渐将研究视角转移到基础研究,这种研究吸引了一大批人才流入美国,壮大了理论研究的队伍,使理论研究的氛围更加浓厚。这一时期,研究者通过研究发现,高等教育投资不足是美国科技落后的根本原因。人力资源理论被普遍认为产生于20世纪50年代,在管理学领域,"人力资源"一词一经提出便迅速得到人们的认可。1960年,随着舒尔茨发表的《人力资本投资》被学界接受并认同,人力资本理论逐步形成和发展,这也使人力资源在经济发展中逐渐被人们接受并广为传播,同时为人力资源理论的发展奠定了理论基础。

三、大学生人力资源的内涵及其重要性

大学生人力资源是指处于高校求学阶段,即将跨入社会独立工作和生活的青年人力资源。从人力资源的构成来说,在校大学生是人力资源的潜在力量,也是构成人力资源增量配置的重要成分。为了国家的发展,民族的富强,关注大学生人力资源的发展是非常有必要的。在各项资源中,最宝贵的就是人力资源。

大学生人力资源与一般人力资源相比,既有共性,又有其自身的特殊性。一方面,大学生人力资源具备人力资源的能动性、潜在性、再生性、中介性、同步性、增值性和周期性等一般属性,是经济社会发展进步的力量源泉;另一方面,大学生人力资源作为增量配置的重要组成部分,又具有其自身的特殊性,其培养开发及后期发挥自身价值的途径、方法与一般人

力资源相比具有较大差异,这种差异是大学生人力资源的储备属性造成的。因此,我们应该正确看待大学生人力资源的特殊性,以及在社会经济发展过程中的作用,通过合理开发利用,使其发挥最大的效用。

21世纪是知识经济时代,是全球经济一体化的时代,是高新技术的时代,是竞争的时代,是人本管理的时代。知识经济时代竞争的关键是人才,而人才资源已成为知识经济时代的第一资源,人才资源也是社会生存和发展的关键战略性资源。面对日益激烈的竞争环境,如何在大国竞争中取得竞争优势,是摆在我国面前现实又迫切的问题,而人的因素越来越成为实现目标的关键因素。在这种情况下,谁能培养人才、留住人才、使用好人才,谁就拥有胜利的砝码,拥有强大的核心竞争力,就能成为领跑者。因此,在当代的发展中,人力资源的开发、利用与管理已成为经济发展的决定性因素,也成为构成大国之间核心竞争力的关键性战略资源。

大学生群体是处于高校求学阶段,即将跨入社会独立工作和生活的青年人力资源,是人力资源的潜在力量。我国的人力资源管理比发达国家起步晚了30~40年,现在运用的人力资源管理理论、技术、方法也基本上都是学习和模仿西方发达国家的。中国是一个人口大国,要想成为世界强国,就必须从人口大国变成人力资源大国。把中国人口巨大的潜在能力转化成现实的工作能力,这是我国人力资源工作的一个空前的历史使命,要完成这一使命,其中一项重要的工作就是,在学习外国先进经验的基础上创造出适合我国国情的具有中国特色的人力资源管理新理论。

对于人才的开发与管理,人力资源开发是对人力资源的挖掘,人力资源管理则是对其进行合理调配。就业指导的核心在于,引导被指导人员挖掘自身潜能及人力资源素质状况,实际也属于人力资源范畴。为了适应市场经济发展的需求,我国大学生就业也在不断趋向市场化,就业压力与就业难度不断增大,这在应届毕业生中尤为突出。为了解决这一问题,各高校纷纷重视就业指导的设置,但是由于种种原因,很多高校的就业指导工作并不尽如人意,难以满足毕业生成才及社会发展的需要,其中,就业指导缺乏理论支撑是出现这些问题的原因之一。毕业生就业指导的重点在于,提高毕业生对自身的认识、开发潜能,进而实现资源的合理配置。因此,人力资源理论就成为毕业生就业指导的重要理论基础,可以有效保障就业指导的效果。

第二节　职业生涯规划理论

一、职业生涯相关定义界定

职业生涯在个体成长过程中不可忽视,且具有重要意义。就业是职业生涯中重要的体现形式和成长阶段。

生涯译为 career,从词源来看,其来自罗马语 via carraria 及拉丁文 carrus,均有"古代战车"之意。career 在希腊有"疯狂竞赛精神"的意思,后来引申为道路;现常指人生的发展道路,也指人或事物经历的途径,还有人把它看作一个人一生发展的过程,或一个人一生中扮演的系列角色和担任的职位等。

一般来说,生涯的含义因阐述的视角不同而有所侧重,但大体上看,生涯是指个人终生从事的工作或者职业等相关活动的历程。

对"职业"概念有一个正确的认识是正确制定职业生涯规划的基础条件。职业是社会劳动分工发展的必然产物,社会分工是职业划分的基础和依据。"职业"的概念由来已久,但由于研究目的的不同,各研究者从不同侧面对职业的内涵进行了不同界定,概括起来看,主要是从社会学和经济学角度进行界定的。在具体归纳众多社会学家对职业的界定后,社会学的职业含义包括四个方面。

第一,职业是社会分工体系中的一种社会位置。这种位置是个人进入社会生产过程后获得的,其取得途径可能是通过社会资本的继承或者社会资本的获取。但职业位置一般不是继承性的,而是获得性的。

第二,职业是已经成为模式并与专门工作相关的人群关系和社会关系,或者说已成为模式的工作关系的结合。它是从事某种相同工作内容的职业群体。

第三,职业同权力和利益紧密相连。

第四,职业是由国家确定和认可的。任何一种职业的产生,都必定为社会所承认,为国家的职业管理部门所认可,并具有相应的职业标准。因此,职业的存在必须有法律效力,被国家授予和认可。

经济学上的"职业"概念与社会学上的有明显不同。法国的一个权威词典界定"职业"是为了生活而从事的经常性活动。

美国学者阿瑟·萨尔兹撰写的《社会科学百科全书》将"职业"定义为:人们为了获取经常性的收入而从事的连续性特殊活动。可见,经济学的"职业"概念有其特定的内涵。概言之,主要包括以下四个方面的内容。

第一,职业是社会分工体系中劳动者获得的一种劳动角色,职业源于社会分工,在整个社会生产过程中,有诸多岗位赋予劳动者以不同的工作内容,不同的工作职责,不同的声誉和社会地位,以及不同的劳动规范和行为模式,于是劳动者便有了特定的社会标记和专门的劳动角色,如农民、工人、医生、科学家等。

第二,职业是一种社会性的活动,具有社会性。职业是劳动者进行的社会生产劳动或社会工作,均为他人所必需并为国家所认可,因此职业是社会的职业。

第三,职业具有连续性和稳定性。劳动者连续不间断地从事某种社会工作,或者相对稳定地从事某项专门工作,这种工作才能成为劳动者的职业,朝秦暮楚,离开了工作的稳定性,就无所谓职业。

第四,职业具有经济性。劳动者从事某项职业,必定要从中取得经济收入。换言之,劳动者就是为了不断取得个人收入,才较为长期、稳定地承担某项社会分工,从事该项社会职业的。没有经济报酬的工作,即使其劳动活动比较稳固,也非职业。

职业就是在相对较长的时间内,从事的范围相对固定的工作或职务。虽然说人们从事的活动多种多样,但只有同时具备以下条件,才算得上是职业:首先,凡职业活动都要持续相当长一段时间;其次,凡职业活动都可以换取报酬。此外,职业活动的内容一般都是比较专门且相对固定的。什么是职业生涯?职业生涯即事业生涯,是指一个人一生中所有与工作职业相联系的行为与活动,以及相关的态度、价值观、愿望等连续性经历的过程。它有以下四个方面的含义。

第一,职业生涯只是表示一个人一生中在各种职业岗位上度过的整个经历,并不包含成功与失败的含义,也没有进步快慢的含义。

第二,职业生涯有外在职业生涯和内在职业生涯两个方面。外在职业生涯是指一个人在工作时期进行的各种活动和表现的各种举止行为的连续性;内在职业生涯则表示职业生涯的主观特征,涉及一个人的价值观、态度、需要、动机、气质、能力、发展取向等。

第三,职业生涯是一种过程,是一个人一生中所有与工作相关经历的连续,而不仅是指一个工作阶段。

第四,职业生涯受各方面影响,在一定程度上可以认为是多方面相互作用的结果。

由定义可以看出,职业生涯在人的一生中占有绝对重要的地位。根据清华大学职业经理训练中心通过对参加职业生涯培训的500多所学院调查统计,得到人生发展的各种需求通过职业被满足的平均百分比。对生活来源需求满足的平均期望值为99%,对归属和爱需求满足的平均期望值为55%,对自我实现需求满足的平均期望值为95%。马斯洛经过多年的研究,发现人的需求是有规律的,是分层次的。第一层次是生理需求,第二层次是对安全的需求,第三层次是对友爱和归属的需求,第四层次是受尊敬的需求,第五层次是求知的需求,第六层次是美的需求,第七层次是自我实现的需求。在每个人不同的人生阶段都有自己不同层次的需求。毫无疑问,大部分人的人生需求都需要通过职业生涯来满足。职业不仅是我们的谋生手段,更是我们满足更高层次需求的重要途径。只有在完美的职业生涯过程中,人们才有可能充分发挥潜能,实现最大人生价值,并从中获得高度满足感。

二、职业生涯规划的内涵

为何要做好职业生涯规划？了解职业生涯发展阶段理论，有助于帮助我们理解职业生涯规划理论。

对于职业生涯发展阶段，不同的人有不同的分类方法。目前，公认的分类方法由美国学者萨帕提出。他将职业分为成长期（4～14岁）、探索期（15～24岁）、建立期（25～44岁）、维持期（45～64岁）、衰退期（65岁及以上）五个阶段。

萨帕提出，探索期是个人成长和学习的关键时期。学生应该在主动参加班级、社团和社会实践活动的过程中尝试、检验与发现自己的兴趣和能力，寻找自己比较喜欢、感觉能够胜任的职业岗位，探索自己可能的就业方向。对于大多数大学生来说，他们多处于个人职业探索期的中、后期，主要目标是顺利地就业或者创业。

另一个美国学者舒伯也分享了他的看法，他的终生生涯发展理论的提出，对人终生发展的认识有重要和积极的意义。舒伯也将生涯发展分为五个阶段，但每个阶段的具体任务是不一样的。探索阶段的青少年主要通过学校生活和社会实践，对自我能力及角色、职业进行探索。这个阶段又可以分为三个时期。初探期（15～17岁），考虑需要、兴趣、能力和机会，可能会做暂时决定，并在幻想、讨论、学业和工作中尝试；过渡期（18～21岁），开始就业或进行专业训练，更重视现实，并力图实现自我观念，将一般性职业选择变为特定的选择；承诺期（22～24岁），青少年进行职业生涯初步确定并验证其成为长期职业的可能性，如果不合适则进行调整。

当今社会变化越来越快，让人应接不暇。可以说，任何一个人都无法预测未来社会将如何发展，自己将如何变化。然而，从许多成功人士成长的经历来看，充实、成功的人生有赖理性的自我认识和未来规划。中国有句古话，叫作"人无远虑，必有近忧"。即使无须为经济问题担忧，但为了适应社会的变迁，踏入社会的年轻人还是有必要好好地思考、筹划一番自己的未来。

职业生涯规划是指一个人对其一生中承担职务的相继历程的预计，

包括一个人的学习、对一项职业或组织的生产性贡献和最终退休。每个人要想使自己的一生过得有意义,都应该做好自己的职业生涯规划,大学生正处于对个体职业生涯的探索阶段,这一阶段对职业的选择,对其今后职业生涯的发展有着十分重要的意义。

从职业的重要性来说,职业无所谓好坏,但是,不同的职业往往意味着不同的人生。不同的职业意味着不同的发展机会、发展空间、生活方式。一般来说,职业发展的机会是不同的,因为不同的职业相连的是不同的行业。而不同行业的发展机会不均等,也就造成了职业会有不同的发展空间。从理论上说,每种职业的发展空间是无限的,但是在实际生活中,不同职业的发展空间是不同的。比如,一个做销售的人和一个从事教师职业的人,他们面临的发展空间会有很大的不同。做销售的人的市场可能是巨大的,而教师面对的市场只是学生,相对来说,机会小得多。从事不同职业的人,他们的生活方式也不同。生活方式是人生中重要的组成部分,因此,对于大学生来说,对自己的职业进行规划,认真对自己未来的职业下一番功夫,争取职业上的成功,是人生成功的基础。

然而,大学生正经历职业选择发展的第二阶段,需要认真做好准备工作。如何做好准备工作?这就需要基于职业生涯理论,给大学生提供职业生涯规划的原则和准则,并传授其职业生涯规划的策略。

大学生职业生涯规划的原则有三个。一是"定向"。如果方向定错了,则南辕北辙,距离目标越来越远。二是"定点"。所谓"定点",就是定职业发展的地点。俗话说"人各有志",但是在定点时,学生应该综合考虑多方面因素。三是"定位"。学生在择业前要对自己的水平、能力、薪资期望、心理承受度进行全面分析,做出准确的自我定位。

大学生职业生涯规划的准则有四个。一是择己所爱。如果从事一项喜欢的工作,工作本身就能带来一种满足感,那么职业生涯也将变得妙趣横生。兴趣是最好的老师,是最初的动力。有关研究表明,兴趣与成功率有着明显的正相关性。二是择己所长。尺有所短,寸有所长。在选职业时,学生可以选择最有利于发挥自己优势的职业。比较优势原理也同样适用于职业生涯规划。三是择世所需。社会的需求不断变化,旧的需求不断被消灭,同时新的需求不断产生。昨天的抢手货今天会变得无人问津,生活处在不断的变化中。这给我们的启示是在规划自己的职业生涯时,一定要分析社会需求,择世所需,否则只会自食其果。四是择己所利。职业生涯规划首先考虑的是自己的预期收益。这种预期收益要求你实现最大化的幸福,也就是收益最大化。不同的人有不同的偏好,每个人都应该尽可能地满足自己所有的需求。

大学生职业生涯规划的策略有四个。在现实生活中,找到一个"完全适合"自己的职业,几乎是不可能的。因此,大学生在进行职业生涯规划时应该把握以下四个策略。第一,兴趣是可以培养的。大学生在了解职业兴趣的种类和兴趣对从业的重要性的同时,还应该知道职业兴趣既可以在学习专业知识和技能的过程中培养,又可以在未来的职业生涯中得到强化。第二,性格是可以完善的。一些职业对从业者的性格有特殊要求。性格有许多"天生"成分,但并非一成不变,生活中有许多职业改变性格的实例。第三,能力是可以提高的。在由从业能力和关键能力组成的综合职业能力中,无论是专业能力,还是方法能力和社会能力,都可以在学习生活中得到提高,也可以在职业生涯中得以强化。传统意义上的职业能力,即一般学习能力,如观察力、注意力、算术能力、手眼协调性,均可以在知识学习、技能训练、实践活动中得到提高。第四,潜能是可以挖掘的。每个人都具有未被发现的潜能。在大学生进入职业生涯以后,给予其恰当的引导和适合的环境,潜能就能变为显能,在职业生涯中就能表现出卓越的才华。

大学生职业生涯与高等教育人才培养模式息息相关,培养模式的目标和内容深刻地影响着大学生职业观的形成与发展,合理的职业生涯规划意识是高等教育人才培养中应有的部分。

第三节　高等教育为社会经济发展服务理论

一、高等教育的位置和性质

高等教育的内涵可以从两个方面来理解:一是高等教育在整个学制

体系中的位置,二是高等教育的性质。从高等教育的位置来看,高等教育是初等教育、中等教育和高等教育三级学制体系中的最高阶段。它是建立在完整的中等教育基础之上的教育。从高等教育的性质来看,高等教育是一种专业教育,是依据学科知识和专业分工培养高级人才的活动。高等教育是在完成中等教育的基础上进行的专业教育,是培养各类高级专门人才的社会活动。

二、高等教育为社会经济发展服务理论相关分析

随着高等教育规模的扩大及经济发展对高等教育依赖程度的提高,高等教育和经济发展的关系变得日益密切起来。本书提出的人才培养模式改革正是基于高等教育为社会经济发展服务的理论。

想要了解高等教育和社会经济发展的关系,首先需要了解经济发展的内涵,欲了解经济发展的内涵必须先理解经济增长的概念。经济增长主要是指国民收入或人均国民收入及国民生产总值的增加,进一步说就是国内物质资本和劳动力数量的增加。有些研究者会去强调经济发展和经济增长的区别,其实这二者强调的都是经济规模即物质和资本数量的增加,在现实领域中,无论经济发展还是经济增长,都是一个比较复杂的过程,数量的增长必然离不开一定程度的生产方式、生产结构、技术手段及管理方式的变革。而经济发展中各种结构或者机制的调整也必然会促使经济规模发生变化,二者之间互为一体。

高等教育和经济发展的相互关系如何?本书主要分析高等教育对社会经济发展的促进作用。主要从以下两个方面论述。

(一)高等教育社会本位价值观

高等教育社会本位价值观的实质是高等教育的主要价值在于为社会培养各种专门人才,促进国家政治经济和社会发展。随着高等教育在社会的政治、经济、科学技术等各个领域发挥着越来越多的作用,社会本位价值观在高等教育实践中发挥着主要影响。社会本位价值观的主要观点如下。

第一,高等教育的价值首先在于促进国家和社会的发展。在现代,教

学必须服从社会目的,个人前程与社会责任应紧密结合,高等教育的基本任务是激励青年人担负起劳动世界中的社会责任和生产责任。高等教育为社会做贡献,为社会经济发展服务,都是高等教育社会本位价值观的体现。

第二,高等教育的首要目标是培养公民、造就人才。高等教育社会本位价值观在对人的教育问题上,首先考虑的是为社会造就公民,为国家培养人才。因而其主张严格的专业教育,即高校活动按专业划分,围绕专业设置课程,学生从进校至毕业应始终在专业教育的范围内活动。专业设置则依据学科发展与社会就业结构的变动而变动。社会对人才规格的要求直接影响着大学生的培养计划与过程。高校对学生的培养首先应该考虑如何让他们适应社会的需要,人员适应未来职业的需要。

(二)高等教育与社会发展的关系

虽然说教育与社会发展有制约的关系,但是教育必须为社会发展服务。1985 年,《中共中央关于教育体制改革的决定》提出的"教育必须为社会主义建设服务,社会主义建设必须依靠教育",表达了教育与社会发展的关系——教育为社会主义经济建设服务,为社会制度建设服务,为文化发展服务。

在社会主义现代化建设中,经济是中心。教育为社会主义建设服务,首先要为经济建设服务。经济建设的首要任务是提高生产力水平,教育最基本的经济功能是劳动力的再生产,把潜在的劳动力转化成现实的劳动力,把一般的劳动力培养成具有一定的生产知识、劳动技能、觉悟、文化素养的特殊劳动力,以促进生产力的提高。

第四节　三种理论构成就业视角下
人才培养模式改革的理论基础

知识经济时代,人力资源已成为社会的第一资源。人力资源能力的培育和提高对整个社会经济的可持续发展起着基础性的支撑作用,人力资源能力的培养必将成为推动新一轮社会财富增长的核心,人力资源能力建设关乎大局。高校作为人力资源能力培养的主要机构和单位,担负着全社会人力资源能力建设的重任,且这是一种无可替代的义务和责任。人力资源具有能动性和一定的时效性,这提醒着我们要时刻关注人力资源的开发和利用,以免造成人力资源的损失和浪费。大学生人力资源作为增量配置的重要组成部分,又具有其自身的特殊性,其培养开发及后期发挥自身价值的途径、方法与一般人力资源相比具有较大差异,这种差异是大学生人力资源的储备属性造成的。由于大学生人力资源的特殊性,若在社会经济发展过程中得到合理开发利用,将会发挥最大效用。当今形势严峻,针对大学生就业难,而单位也很难找到合适的人才这一问题,为提高大学生人力资源的有效利用率,高校人才培养模式的改革势在必行。

职业生涯理论关乎每个人的自身价值与成长。一个人的职业生涯在人生中有着非常重要的地位。要想获得好的人生,实现个人价值,做好完善的职业生涯规划是非常必要的。并且,高校学习阶段作为职业生涯发展的第二阶段,对于整个职业的发展起到至关重要的作用,如何在高校里树立正确的就业观,如何自我评估和做好科学的职业生涯规划,都与高校人才培养模式有关。

教育对人力资本形成的作用,集中表现在人们在接受教育后,提高了文化技术水平,增强了劳动素质,形成了高素质的人力资本。高素质人力资本的投资过程就是高等教育的实施过程,提高人力资本素质是高等教育发展的基本要义。接受过高等教育的人是从事知识经济的主要生产劳动力,高等教育已成为人们的需要和社会生活的中心。

高等教育已成为社会经济发展的根本性基础,我国的高等教育从20世纪末开始,呈现出明显的发展趋势,即自1999年启动的以规模扩张为主的高等教育大众化,旨在适应和满足以高科技、信息化为特征的知识经济发展的需要,以及民众对高等教育的需求。高等教育要为社会主义建设服务,目前,高校人才培养模式与大学生就业之间存在着必然的联系。

综上所述,提出在大学生就业视角下进行高校人才培养模式改革具有充分的理论依据。

第三章 高校学科专业建设改革与人才培养

在现代社会中,人才培养、科学研究、文化传承和社会服务依然是高校的主要职能,而高校履行培养人才的社会职能必须以学科专业建设为载体。只有不断提高高校的学科水平,高校才能更好地承担起应尽的职责。任何一所高校的水平和地位,都取决于它的学科水平。

第一节 人才培养对专业建设的要求

高校是以学科专业为基础建构起来的学术组织,学科水平是高校办学水平和综合实力的最主要体现。研究专业建设方法和人才培养模式、培养满足经济社会所需的高技能型人才,是摆在地方高校面前最重要的任务。

一、专业建设的含义

"学科专业"常常作为一个专有名词被使用,但在使用中被赋予的内涵不尽一致,因此有学者认为它是一个含混的说法。这个说法的确可能产生歧义,譬如,我们说"优先发展新兴学科专业""改造传统学科专业"等,说的是以这些学科为基础的专业;"学科专业"这一说法又可以解释为专业是学科下的一级建制,即把专业视为学科的分支,视为某一级学科下的次级学科。"专业以学科为基础"和"专业是学科下的一级建制",差别极大,而后者正是值得商榷的。

专业不是某一级学科,而是处在学科体系与社会职业需求的交叉点上。《辞海》将专业定义为"高等学校或中等专业学校根据社会专业分工的需要设立的学业类别",并指出,"各专业的教学计划,体现本专业的培养目标和要求"。其他一些辞书关于专业的定义,与此大同小异。也有不少学者从不同角度给专业下过定义。从高校的角度来看,专业是为学科承担人才培养的职能而设置的;从社会的角度来看,专业是为满足从事某类或某种社会职业必须接受的训练的需要而设置的。本文对专业的界定如下:专业处在学科体系与社会职业需求的交叉点上。正是这种"交叉点"的性质决定了专业具有以下基本特征。

(1)专业的教学计划,是三类课程的组合,即思想道德、科学与人文知识课程,学科基础知识课程,专业性(专门化、职业化)知识和技能训练课程的组合。第一类课程是对学生进行全面素质教育所必需的基础(大体相当于西方一些大学中的所谓通识教育课程),第二类和第三类课程是这个专业为培养"高级专门人才"的目标所规定的。无论专业培养方案如何改革,无论这个课程组合中各类课程的分量如何此消彼长,也无论各个学校的同类专业有多少各自的特点,这种"三类课程组合模式"至今都未被打破。这种课程设置体现的原则,就是"以育人为目标,以学科为依托,以社会需求为导向"。

(2)以一门学科为基础可以设置若干个专业,这些专业因学科基础知识课程大体相同而被称为"相近专业";一个专业可能涉及不止一门而是若干门学科,这些学科甚至可能属于不同的学科门类,因此这类专业往往被称为"跨学科专业"或培养"复合型"人才的专业。这里恰好反映出设置专业与划分学科遵循的原则是不同的,学科的划分,遵循知识体系自身的逻辑,因而会形成"树状分支结构"。学科及其分支,是相对稳定的知识体系。即使是在一些学科分化与综合演变中形成的新的交叉学科、边缘学科和综合性学科,也都有自己相对稳定的研究领域。专业,是按照社会对不同领域和岗位的专门人才的需要来设置的。不同领域的专门人才从事的实际工作,需要什么样的知识结构做基础,专业就组织相关的学科来满足。专业以学科为依托,但它不是学科"树状分支结构"中的某一个"分支"。如果以一门学科为基础设置的若干专业勉强可以视为该学科的"分支",那么,培养复合型人才的"跨学科专业"无论如何都难以划分为哪一门学科下的次级学科。这种培养复合型人才的专业,只是不同学科在教学功能上的交叉,而不是学科在自身发展意义上的交叉。换言之,"跨学科专业"并不能视为交叉学科的"分支"。

(3)大学中的专业会随着社会产业结构的调整和人才需求的变化而变动。这种变动表现为新的专业不断产生,老的专业不断被更新或淘汰,有的专业从"冷"变"热"或者相反等。高校和学生在专业选择上做出的行为,虽然并不能完全准确地反映社会职业需求,但也从大体上"折射"出社会职业需求变化的趋势。专业是变动的,学科则具有相对稳定性。

二、专业建设与人才培养

随着高等教育的快速发展,我国教育基本上已实现从精英化向大众化的转变,与高等教育快速发展相对应的是大学生的就业形势越发严峻。其原因在于高校培养出的人才没有跟上社会的需求,导致大学生出现结构性失业,除了专业知识和技能,大学生普遍缺乏创新能力、学习能力,以及人际交往、组织管理等通用能力,在责任心、团队合作等技能方面也很欠缺。而专业是学科承担人才培养职能的基地,任何一所高校培养的人才的质量,都取决于这所高校的学科水平。专业建设要在学科建设提供的基础上,制定专业培养目标和规格,确定专业设置口径,制订专业教学计划(也称"人才培养计划")等,人才培养建设是专业建设的主要内容之一。专业是高校培养人才的载体,是高校与社会需求的结合点,高等教育是否适应社会需求,适应程度如何,是要通过高校设置的专业及培养的人才来体现的。目前,国内很多高校在专业设置上普遍存在不合理的地方。我国高等教育重视知识灌输,缺乏素质教育和能力培养,很多教材是在十几年甚至更长时间之前编写的,课程和授课的方式基本上一成不变。再加上有些高校基本上不研究社会需求,因人设岗,学校有什么条件就办什么专业,看到市场需要什么专业就办什么专业,在新兴、交叉、综合性专业发展上缺乏投入,使紧贴市场、适应社会需求的一批专业没有得到充分发展。长此以往,导致学校培养出来的学生知识面窄,学习能力和适应能力差,并且普遍缺乏社会实践能力和实际操作能力,无法与用人单位所需的实用性强的岗位相适应。因此,对高校专业设置与就业市场的相关性进行研究,具有重要的理论价值和实践意义。

人才培养体系建设首先要把握好学科方向、学科专业的调整与组合;其次要加强课程体系建设,特别是要用现代生物技术、信息技术和工程技术改造传统的课程内容;最后要鼓励开设新的课程,学生可以选修其他专业的课程。另外,对学生技能与实际工作能力的培养则主要通过实验、实践和参与指导教师的科技研发及技术推广活动来实现。通过这些环节,使学科方向尽可能适应学科未来发展的需要,使课程内涵尽可能适应社会经济发展的需要,使培养出的学生尽可能满足社会对高层次人才的需求。通过人才培养体系建设,还可以丰富本科生的教学和实验内容,为培养硕士研究生的研究能力提供平台,为博士研究生独立从事本学科创造性科学研究工作和提高创新能力提供保障。以学科的知识体系为主,兼顾行业的特点对学科进行归类,一级学科由若干二级学科组成,二级学科由若干学科方向组成。一个学科有多个方向,一所学校往往由于条件限制不能建设所有的学科方向。学科方向的选择与确立一般遵循三个原则:一是继承,二是发展,三是交叉。从专业目录中可以看出,学科方向的选择与确立是人才培养体系建设的前提。

三、专业设置与就业市场的关系

高校的专业结构设置主要是指各高校具体专业构成的比例关系和组合方式,其中包括不同类型高校和学科专业的数量、布局,以及相互之间的联系等设置。高校专业设置和就业市场的关系是相辅相成、辩证统一的。通过市场特有的调节机制,专业结构系统与外部环境之间持续进行着物质、能量、信息的交流,从而使专业结构系统与外部环境系统二者的结构都不断趋于合理化。

(1)二者存在统一关系。一方面,高校进行专业设置要根据社会发展、职业变化的需要,依托学科优势培养适应社会发展的高层次专业人才,而对专业进行调整就是根据产业结构调整及职业变化对人才知识结构、培养模式提出新要求,在操作层面上表现为根据大学生的就业状况来决定专业的取舍和招生规模,目的是使毕业生能够顺利就业;另一方面,由于现代职业分工的不断细化,经济产业结构调整不断优化升级,社会需要具有较强综合素质、宽厚知识背景,又掌握高精尖知识与技能的人才。为了达到这一目的,就需要大学在加强通识课程教学的同时,还必须不断强化专业教育,通过专业设置的调整不断提高专业教育的水平。

(2)二者存在对立关系。专业设置既要满足职业岗位对专业知识与技能的要求,又要满足知识系统传授和科研向纵深发展的要求,二者很难同时兼顾。我国的专业设置是计划经济的产物,专业设置及其调整、课程安排、招生规模等权力基本掌握在国家教育行政主管部门手中。一旦专业设置好,在几年内很难进行改变,当发现教育培养目标、人才规格或教学效果存在问题时,就不能及时进行调整了。学生在稳定专业设置情况下学得的知识也是相对固定的。但由于现代科技日新月异,产业结构不断升级,影响大学生就业的不确定性因素大大增加,就业状况呈现不规则波动。因此,专业设置的稳定性、滞后性与市场经济条件下就业的波动性、即时性存在较大矛盾。

第二节　我国高校专业建设现状分析

专业是高校根据学科分类和社会职业分工而设置的人才培养的学科类别,是高校办学的重要组成部分,是高校与社会结合的桥梁和纽带。一个地区学科专业的数量、结构和布局是培养适应该地区经济发展需要的高素质专门人才的关键。进入 21 世纪以来,各地不断改造传统专业,加强工科专业建设,整合优质资源构建专业群,调整重点专业结构,基本形成了学科门类齐全、布点广阔的专业体系,初步形成了与地区经济发展规划相适应的专业人才培养体系,建立了以工学、管理学为主体的本科人才培养体系,初步建立了适应地区人才需求的学科专业体系。但是,地方高校人才培养结构性失调问题依然存在,这与专业结构的不合理是分不开的。

一、专业设置与人才培养和社会经济发展的需求不相适应

专业结构反映了国家的经济社会发展水平、劳动力分工、产业结构等,集中体现了社会对人才的种类、规格、知识、能力、素质等各个方面的要求。随着我国经济体制的不断完善和产业结构的不断协调优化,高校的专业结构和人才培养面临与之相适应的再调整与再优化问题:随着专业建设规模的不断扩大,大部分专业从热门变成供大于求,毕业生就业困难;同时,国民生产总值的增长远低于高等教育的增长,在劳动力结构上,容纳高学历劳动力的第三产业发展不够充分,很难为高校毕业生提供足够的就业岗位,制约着专业的发展。另外,部分高校的人才培养由为行业服务转向为地方服务,出现社会需求与人才就业相悖的矛盾,一方面,社会经济发展需要的拔尖创新人才和应用型人才得不到满足;另一方面,高校培养的毕业生不愿意下基层,人才培养与社会需求之间存在着不适应现象。

1. 专业设置与社会市场需求脱节

很多高校缺乏认真的市场调研,造成学科专业设置与市场需求不符甚至脱节。目前,高校毕业生就业普遍存在工科类专业就业形势明显优于人文社科类专业的现象。工科学生尤其是技能性较强专业的毕业生就业并不困难,而人文社科类专业的毕业生的就业情况不尽如人意。

2. 专业结构与地区行业需求脱节

很多高校为争抢优质生源,盲目开设很多所谓的"热门"专业,并不断扩招生源。当"热门"专业的扩招速度大于社会实际需求的增长速度时,市场趋于饱和,无法吸收,"热门"自然就变成了"冷门",也就出现了招生挤破头,毕业遇冷门的现象。

二、专业设置雷同现象突出，人才培养的结构性浪费严重

高等教育大众化后，一些地方高校在发展过程中，由于经济利益、贷款压力等原因，出现盲目扩张现象，学校定位不明确，社会需求的基础和艰苦行业类学科专业开始萎缩，跟风申报的新上专业与学校的传统专业难以整合，专业设置过多且雷同。

三、专业设置缺乏前瞻性，人才培养缺乏市场弹性

社会需求是新专业开设的根本前提，高校自身资源状况是专业设置及其教育质量的主要保证，专业设置和高校自身个性化发展相结合是所设置专业可持续性发展的内部动力。但一些高校设置专业时盲目、随意、草率的现象时有发生，主要表现为盲目追求学科专业的"大而全"、不顾自身办学条件、不做市场调研等。很多院校都希望能够设置更多的专业，把长期发展目标定为建设成综合性的万人大学。不少本科高校未制定按区域社会经济需求调整专业设置的制度，一些高校在专业设置时听取相关行业企业专家的意见不足，开展专业社会需求论证不够，导致低水平专业的横向重复设置较多，如会计、体育、音乐等人才培养长期处于供大于求的状态，造成高校办学特色优势丧失、人才培养质量下降及就业结构性矛盾。

第三节 围绕人才培养优化专业结构

对于高校学科专业建设存在的上述问题，社会各界的认识是接近共识的，人们最大的困惑不是发现问题，而是找出解决问题的方法。为促进学科专业建设适应经济社会发展，有些学校开展了一些相关的改革与探索，但从全国高校的整体情况来看，这种探索行动并不普遍，而且目前仅有的探索成效也不大。个别学校试图开始构建与社会市场或行业企业的融合协同机制，但其结果是形式多于内容，内容还难以落实。出现这种局

面的原因是纷繁复杂的,但长期以来我国高等教育办学体制造成的学校不能脱离政府的"管、养、护"的惯性局面和"等、靠、要"的思维习惯是很重要的深层次原因。对于学校来说,办学优先考虑的往往是高校办学管理者的政府指令而不是社会或者市场的动向,学校一般的思维习惯是,对于社会的需求与发展可以慢慢适应,对于政府的体制环境和政策导向则需要及时适应与跟进。

一、加强人才培养的专业弹性

"按专业招生—按专业培养"是我国目前最普遍的人才培养模式,但其弊端也日益凸显。一方面,在这种培养模式中,学生专业选择自由度较小,学生对所学专业满意度不高;另一方面,刚性培养模式对市场变化的灵敏度低,容易导致高校专业设置、人才培养与市场需求间出现错位,造成毕业生的结构性失业。对此,有学者指出应该根据市场供需变动趋势及时调整专业结构。但市场变化迅速而专业结构调整具有滞后性,调整专业结构既不能提高学生专业满意度,也不能及时解决结构性失业问题,因此加强人才培养的专业弹性是解决这些问题的更优选择。

1. 传统刚性人才培养模式下的规范承诺和情感承诺

在传统的人才培养模式中,学生的专业选择权主要体现在入学前的志愿填报上,而一旦入学,由于高校在转专业方面分配的名额少、门槛高,学生转专业困难重重,专业选择权极小。面对该问题,有学者指出专业选择权是大学生应有的权利,赋予大学生自主选择专业的权利合情、合理、合法。此外,专业选择权将竞争机制引入专业设置,不仅有助于推动高校进行专业设置调整,从而提高教育服务质量,也有助于学生根据兴趣学习,从而提升学习质量。众多世界一流高校如哈佛大学、耶鲁大学、普林斯顿大学等,在专业选择上都有较高的弹性。其专业设置虽主要由学校决定,但学生拥有充分的专业选择权:学生入学不注册到系科而由高校统一管理,学习1~2年后再自主选择专业,选定专业后如果兴趣发生变化,也可以比较容易地改变专业。

1960 年,美国社会学家贝克尔最早提出"组织承诺"的概念,后来随着组织承诺研究的深入,梅耶与艾伦提出组织承诺的三维结构理论,指出组织承诺由继续承诺(员工愿意继续留在所在组织的意愿)、情感承诺(员工对组织或工作的兴趣和感情)和规范承诺(员工对组织的责任感和规范感)构成。国内学者根据国外关于组织承诺的研究,再结合大学生专业学习特点,提出"专业承诺"概念并扩展了专业承诺的维度。除了以上提及的继续承诺、情感承诺和规范承诺,专业承诺还包括经济承诺(出于对经济因素方面的考虑而选择留在自己现在的专业)、理想承诺(依据自己追求的理想来确定专业)等维度。

学生的规范承诺和情感承诺都是专业承诺的重要组成部分,也都对学生的学习投入有着显著影响,但二者不论在内涵、发展水平还是影响力上都存在明显区别。规范承诺反映了学生对专业学习的责任感和规范感。教育在某种意义上是对学生的一种规训,学生在经过多年的教育后才具有了较强的规范意识和责任感。大学生普遍认为不管是自己选择的还是被调剂的专业,进入专业后都有义务严格遵循学校规章制度和要求,学好自己的专业。通过研究发现,学生的规范承诺较高并在推动学习投入上发挥了重要作用,这是目前高校人才培养中的已有优势,也是保障学生深入专业学习的必要条件。但对点燃学生对专业学习的热情和兴趣、发挥学生特长和激发学生潜能而言,提升学生的规范感和责任意识并不是目前人才培养的重点。情感承诺正是反映学生对专业的情感和兴趣的指标。同时有研究发现,情感承诺对学习投入的影响力要远远低于规范承诺。可见,目前学生的学习投入很大程度上受规范意识而非兴趣的影响。值得注意的是,学生的情感承诺处于较低的水平且并不会随着学习的深入而不断提升,这种现象的出现有两种原因:一是情感承诺具有较高的稳定性,在专业确定后就很难受到其他因素的影响;二是情感承诺在专业确定后依然会受到其他因素的影响,但目前的人才培养在教学方式、教学方法等方面一定程度上存在问题,难以提升学生的学习热情。不论是出于哪种原因,赋予学生选择自己感兴趣的内容进行学习的权利,并同时改进教师教学的方式方法,都有助于提升学生的情感承诺。此外,本书也证实,选择承诺对情感承诺有较大的影响力,加强专业弹性、提升选择承诺是提升学生情感承诺的有效手段。

2.加强专业弹性,提升选择承诺

专业弹性的上位概念是弹性学习,弹性学习强调教育应不断适应不同学习者需要、不同学习方式,以及不断变化的学习环境,其核心是学习的选择性。学生的专业选择权是专业弹性的核心内容。专业选择权是指大学生自由选择专业的权利,包括入学前的专业选择权和入学后的专业选择权。

在我国,反映专业弹性的"大类招生,分流培养"模式也已在部分高校展开,具体表现为按文理大类招生(如北京大学元培学院)、按学院招生(如清华大学人文社会科学学院)和按学科大类招生(如济南大学)。3 种方式的共同点在于先按大类招生再进行专业分流,区别在于学生在被分流时的专业选择自由度不同。尽管不少大学已经开展了人才培养模式改革,但传统的刚性培养模式依旧在大部分高校盛行,已经推行的一些人才培养模式改革也不同程度地遭受质疑、遇到困难,乃至中断。

研究发现,选择承诺不仅直接影响学生的学习投入,也通过影响情感承诺、规范承诺、继续承诺、经济承诺间接影响学习投入。提升选择承诺是人才培养中最迫切也是最重要的任务。目前,以"大类招生,分流培养"为代表的加强专业弹性的人才培养模式改革在实践中出现了若干问题,如专业分流导致专业分化的加剧和专业分流中的公平性等问题。但以上问题都可以在实践中得以解决,不应成为阻碍改革的理由。在加强专业弹性的具体实践中,应注意以下问题。①在专业分流之前,高校应该通过开展系列讲座、新旧教师交流、心理测评、让学生选修相关专业入门课程等多种形式加深学生对自身和各个专业基本情况的了解,为将来选择具体的专业做准备,减少在专业分流时的盲目性。②经过一段时间的通识教育之后,学生对自己和专业都有了一定程度的了解。在专业分流的时候,学校应该给予学生更多的专业选择自由,并引导学生基于自身能力、性格、兴趣和专业的匹配程度理性地选择专业。③高校应注重专业分流标准的科学性和分流程序的公平性。高校应在综合考虑学业成绩、实践活动表现等多方面因素后建立专业分流标准,并且严格参照标准进行笔试、面试,保证程序上的公开透明。④在专业分流选定专业之后,如果学生兴趣发生变化并满足再次选择专业的要求,那么学校应该允许学生重新选择专业。⑤在具有较高弹性的人才培养模式下,学生可能会产生个体游荡感,并对大学生活感到迷茫。对此,学校应该加强对学生的学业指导与职业指导。这不仅是推动人才培养模式改革顺利进行的保障性措施,也是提升学生经济承诺和继续承诺的有效手段。

二、创新特色专业人才培养体系

各地方高校应该围绕社会需求、结合地方经济建设和社会发展对高素质人才的需求,科学确立专业培养目标、合理构建课程体系、深入改革教学内容、努力强化师资队伍建设、大力加强实践和动手能力培养,办出自己的优势和特色。

(一)明确专业发展定位

根据经济社会要求,从课程设置、师资队伍建设和教学环境优化等方面围绕人才培养模式这一主题,深入研究各项技能在知识和能力结构中的作用,总结出能够不断适应社会发展,富有创新意识和良好职业道德的技能型人才培养模式,建设行业特色鲜明的高职技能型人才培养高地。

1.建设服务地方、辐射全国的双师培训基地

通过一系列教育教学改革,分解职业能力和岗位要求,实现课程组织项目化、课程结构模块化,总结适合本校学生的实训模式,建立多元化的评价体系。从一个省开始,逐步向全国推开,对贫困边远地区同类院校要进行免费重点扶持,将该专业培训部门改造升级为服务地方、辐射全国的双师培训基地。

2.建设立体化多功能开放式实训中心

利用省级示范创业教育园中的实体和校内外各个实训基地,同时借助地方各类协会,如企业家协会、计算机协会等行业协会及企业集团的合作,建设立体化多功能开放式实训中心。除满足本地科教园区的实训要求外,其他院校的同类学生也可以在中心实习实训,考核合格后由企业和协会联合签发"工作经历证书"。

3.建设共享型公共服务平台

为完善课程建设,与同类院校共享教研改革成果,可以开发专业资源库和网络服务平台;引进国际上先进的交互式学习平台,继续开发自主学习型网络和教学课件。学校应建成包含试题库、信息文献库、多媒体课件库、音频库、视频库、案例库、高质量网络课程库七大模块,以及多媒体资源,并通过网络共享平台服务于地方高校专业的建设工作。

(二)建立工学结合的新型教学模式

经过教育教学实践,建立"盯岗、轮动、复合、融通"的工学结合的新型教学模式,开拓行业知识、语言技能和职业能力相互融合的人才培养新途径。

(1)盯岗。专业设置围绕市场需求,课程体系围绕岗位设置,教学内容源于岗位需求,实训实践围绕岗位展开。学生自入学伊始就树立"职业人"意识,在专业学习过程中扮演岗位从业人员的相应角色。岗位模拟与企业实践相互交替,贯穿始终。

(2)轮动。根据社会对人才需求的不断变化,每年修订人才培养方案,使之在动态中优化。课程设置与教学内容不断调整,与时俱进。学生的基本技能、核心技能、综合技能、职业素质、岗位适应能力在学习进程中螺旋式上升。专业教师通过进厂调研、顶岗锻炼,到海外学习工作,到高校深造或攻读学位,为企业提供培训、翻译服务等多种形式,不断接触新观念,掌握新知识,熟悉新技能。

(3)复合。专业建设的三重复合,即专业内容的复合、不同类型课程的复合、知识与技能的复合,决定了其课程体系体现知识与能力,心智技能与动作技能,技术素养与人文素养,专业、就业与创业等多种元素的有效结合,实现知识、能力、素质的协调发展。

（4）融通。将几种不同专业的课程内容进行有机融通，将知识和技能有机融合，将学校考核和社会考证有机融合。

(三)开辟新型人才培养模式的途径

1.培养方案市场化

紧盯市场需求，不断调整、优化教学计划，确定专业人才培养目标，按照"TEB－P"的"T"型结构设置课程，突出实践应用能力的融合和支撑作用。

2.实践教学一体化

在实践教学的规划上，根据专业人员职业能力要素，按基本技能、核心技能、综合技能分阶段分层次地构建目标与内容体系。

3.课程实施项目化

以职业资格要求为标准，确定课程方向，更新教学内容。建设精品课程，强化主干课程，整合核心课程，加强隐性课程和显性课程的融合，注重技术素养与艺术素养的培养，重视学生个性发展。在课程实施方面，通过职业能力要素分析，将该专业的教学内容整合成不同项目，实行项目课程模式，各项目之间既相对独立又相互支撑。项目课程应针对相应的工作岗位选择课程内容，以任务为载体，按工作流程开展教学活动。专业教师创设工作场景，通过课堂或校内外实训基地，以角色扮演和网络模拟的形式，为学生示范、与学生商讨，指导学生应用知识和掌握的技能来解决问题。

4.评价手段多元化

参照国内外对相关岗位的要求和职业的认证标准，结合证书考试的要求，全面修订专业课程的课程标准，制定具体的考核方法和实施细则，在实施过程中，注重形成性评价和总结性评价相结合，学生自我评价和教师评价相结合，学校评价和社会评价相结合；在具体内容考核上，实现知识考核与技能考核相结合、语言运用能力与实践操作能力相结合、标准化考核与个性化考核相结合；在考核进程上，实现阶段化和层进式，引领学生从基本技能到核心技能再到综合技能的发展，使学生于毕业前获得相应的职业能力。

5. 教学资源立体化

多角度、深层次地开发以教学包、课程资源库和学习网站为重点的教学资源。根据课程的教学目标和学生实际,有效整合教材、教师参考书、原版教材的教学内容,并与企业合编教材,补充活页讲义,编写学习指导书,充实 CAI 课件,完善主干课程的试题库和案例库,以此充分保障学生自主学习的质量。

(四)优化专业建设与改革方案

1. 人才培养方案

①建立校企合作教育伙伴关系,开创多元化人才培养模式。全方位、多样化地开展校企合作人才培养,形成产学合作、工学结合的双边多赢的教育环境。利用区位和行业优势,建立"校企合作联盟",推进"工学结合"的人才培养方案,努力开发"订单式培养"的新途径。②优化课程体系,构建以职业资格证书为主线的人才培养方案。③强化实践教学环节,突出对专业技能和职业能力的培养。进一步加强校外实习基地建设,在阶段性实训课程的教学过程中,突出学生专业技能的培养,深化学生一年顶岗实习中的过程管理,提高毕业生的职业能力。深化专业建设指导委员会的指导和监督作用,完善行业专家授课制度,建立专业教师企业挂职制度,在校企合作联盟的框架下加大订单式培养力度,确保学生的职业素质与企业要求能够零距离对接。

2. 课程建设方案

①围绕职业能力和人文素质培养完善课程体系。在课程结构上体现多样性、灵活性和可选择性,使学生在校期间不仅具备职业岗位群所需的从业能力,而且具备可持续发展能力,为学生的终身学习打好基础。②加强精品课程建设,实施三级精品课程建设计划,陆续建设一批体现岗位技能要求、促进学生能力培养的精品课程。③与企业密切合作,开发专业系列教材,修订校本教材。④借助校企合作联盟,定期与国内外同类院校进行教学研讨,探讨新的人才培养模式和教学方法改革,进行校企合作经验

及教学成果的交流。

3.师资培养方案

①名师工程。特聘（柔性引进）曾参加过国家级重大文件起草和审定工作的专家委员会成员、在国际会议上多次做重要发言的著名高校知名教授引领专业建设。②双师工程。优化和提升专业教师的知识能力结构,鼓励教师获得相关行业和企业的职业资格证书。同时,发挥校内外实训基地先进设备设施的优势,对所有专业教师开展多种形式的实践技能培训,安排教师在校内外实训基地挂职和顶岗锻炼,使双师型教师比例提高到100%。③国际化工程。选聘具有行业背景和实践经验的外籍教师加入教学团队,提高教学团队的整体水平;拓宽专业教师的国际视野,每年选派1～2名优秀的专业教师到国际著名高校深造或培训,或到国内高校进修;鼓励教师参加各种类型的职业资格认证培训和短期学习。④青年教师"三术"提升工程。从"三术"（教术、学术、技术）方面加强对青年教师的培养。按照"青蓝工程"的思路,选拔培养青年骨干教师;深化"青年教师带教"工程,以"传、帮、带"的方式提升青年教师的教术和学术水平;每年选派1～2名教师到国外进修2个月;选派1名国外访问学者;选送1～2名青年教师参加在职或脱产学习;要求专业教师每年进厂累计实习时间不低于2个月,35周岁以下年轻教师每年进企业实习时间不低于2个月;定期举办青年教师授课大赛、教案评比、论文竞赛等,营造浓厚的教学和学术研究氛围。

4.实训基地建设

功能系列化。为充分满足学生的岗位能力和基本素质需求,对现有的实训基地进行升级改造,实现功能系列化、环境真实化。实训基地按企业化模式运作,引入企业标准,使学生在"做中学,学中做"。校企合作联盟提供的实训基地将全方位承接学生的专业认识实训、专业体验实训和顶岗实习;校内实训室在为学生提供实训服务的同时,承接对外服务,实现专业建设与企业化运营的双赢效应,人员职业化。为了强化实训基地建设,讲求实战性,突出实效性,达到示范性,该专业将对实训基地进行人员职业化管理,培训人员中的 80％将聘请行业专家担任。

三、推进学科专业建设和人才培养改革的思路

1.思想观念的革新和转变

思想是行动的先导,在教育事业的发展历史上,任何一次教育变革与进步,皆始于思想观念的变革与创新。要想解决高等教育目前存在的学科专业建设与人才培养的问题,必须从全国上下教育思想观念的革新转变开始。各种平台的创建,在很大程度上就是从学校领导层面的思想解放和观念转变开始,然后通过自上而下动员才得以顺利实施的。

综观世界高等教育尤其是欧美发达国家教育教学改革的最新发展与变化,尽管各国具体思路与举措有所不同,但都注重人才培养与时代变化的全方位适应,以及高等教育与经济社会的深度融合,这是各国行动的共同特点,这些在《深化高等教育改革　走以提高质量为核心的内涵式发展道路》中也有特别强调。我国高等教育发展的时代变化,必然带来一些深层次的教育教学内涵的变化,这就要求学校及时转变教育观念,以提升学生就业能力为提高质量的重要努力方向,树立多元化和多样性的质量观,更加关注那些不能成为科学家的孩子,更为理性地关注教育与经济社会的适应问题,更为迫切地思考解决学生面向社会的适应能力、实践能力和创新能力不足的问题。

2.创建学校与社会联系融合的互动平台

面向经济社会发展趋势,寻找与行业企业的利益契合点,创建学校与行业企业共需共赢的协同创新平台,是高校服务经济社会发展的必然选择,也是高校推进学科专业建设和人才培养改革,促进教育与经济社会融合的必由之路。学校要创建学科群对接产业集群的改革实践,自始至终立足于校企双方的共需共赢,对于学校来说,平台解决的是办学与人才培养的现实问题;对于企业来说,平台解决的是科技和人才需求的现实问题,因而改革实践从一开始就应该争取得到行业企业的积极响应和大力支持,这是学校教育教学改革走向成功的重要基础。

3.体制机制的创新与保障

推进高等教育体制机制等方面的制度创新,完善学校教育教学改革

的体制机制保障,是学校学科专业建设和人才培养改革顺利进行的重要条件。就目前的高校办学实际来说,学校推进开放办学和创新教育的现实困境与体制障碍有关,比如,学校在人事管理体制等方面办学自主权的缺乏就是一个掣肘改革创新工作的深层次障碍。因此,学科专业建设与人才培养模式改革方面存在的问题,看起来是高校内部的事宜,其实会牵扯到高等教育管理体制等多方面因素,从高等学校办学内外部因素的统筹研究与综合考虑出发,是分析问题、解决问题的科学理性选择。

第四章　材料成型及控制工程专业概述

第一节　材料成型工艺基础

一、材料成型工艺的定义

(一)机器制造的一般过程

任何机器或设备,大至船舶、飞机、车辆,小至钟表、玩具,都是由相应零件装配而成的。这些零件所用的材料有金属材料,也有非金属材料,将这些材料通过各种技术可加工成满足使用要求的各式零件。材料的加工方法多种多样,归纳起来分属以下几类技术。

1. 成型加工技术

成型加工技术可用来改变材料的形状和尺寸,并兼有改变材料性能的作用,主要包括金属的液态成型、塑性成型、连接成型,以及高分子材料、无机非金属材料和复合材料成型等。

2. 切削加工技术

切削加工技术是利用刀具与工件之间的相互作用来改变材料的形状和尺寸的加工技术,主要包括车、铣、刨、钻、磨等加工方法。

3. 特种加工技术

特种加工技术泛指利用电能、热能、光能、电化学能、化学能、声能及特殊机械能等能量达到去除或增加材料的加工技术,从而实现材料被去除、变形、改变性能或被镀覆等,包括电火花加工、电解加工、超声波加工、激光加工等方法。

4.热处理技术

热处理技术是利用金属相变规律,采用加热、保温、冷却的方法,在加工过程中改善并控制金属所需的组织与性能(物理性能、化学性能及力学性能)的技术,如退火、正火、淬火、回火等。

5.表面处理技术

表面处理技术是通过对材料基体表面加涂层或改变表面形貌、化学组成、相组成、微观结构、缺陷状态,从而达到提高材料抵御环境作用能力或赋予材料表面某种功能特性的技术,包括表面淬火、表面形变强化、化学热处理、表面涂(镀)层、气相沉积镀膜等。表面处理技术在发展新型材料上也起着重要作用。

选择零件的加工方法,需要综合考虑零件的性能要求、形状尺寸特征、工作条件、生产批量和制造成本等多种因素,以达到技术上可行和经济上合理。零件制成后需要再经过检验、装配、调试,才能最终得到整机产品。

(二)材料成型工艺的定义

材料成型技术是一门研究如何将材料加工成符合产品性能要求的机器零件或结构,并研究如何保证、评估、提高这些零件和结构的安全可靠性与寿命的技术科学,它属于机械制造学科。传统的材料成型工艺主要是指金属材料的铸造、锻造和焊接等成型方法与过程,由于在它们的生产工艺中都有一个对坯料进行加热的过程,材料成型工艺曾被称为"材料热加工工艺"。随着现代科学技术的飞速发展,新材料、新工艺和新技术如雨后春笋般大量涌现,材料成型的范围不断扩展,材料成型技术的内容已远远超出了热加工的范围,如常温下的冷冲压、超声波焊接、各种非金属材料的成型、材料与成型一体化技术及快速成型技术等。现代材料成型工艺可定义为:一切用物理、化学、冶金等原理制造机器零件或结构,以及改进机器零件或结构的化学成分、组织及性能的方法与过程。材料成型学科的任务不仅是要研究如何使机器零件获得必要的几何尺寸,更重要的是要研究如何通过过程控制使其获得一定的化学成分、组织结构和性能,从而保证和提高机器零件的安全可靠性与寿命。

二、材料成型方法及其特点

(一)材料成型方法的分类

根据材料的化学成分和显微结构特点,材料成型方法可分为以下几类。

1.金属材料成型

金属材料成型包括金属的液态成型、塑性成型和连接成型。

金属的液态成型是将液态金属浇注到与零件形状相仿的铸型空腔中,待到冷却后获得所需形状和尺寸的毛坯或零件的工艺。如砂型铸造,能形成各种复杂形状,特别是复杂内腔的零件,生产成本低,对材料的适应性要求宽泛,应用范围广,但成型工艺较为复杂,影响铸件质量的因素较多。

金属的塑性成型是利用材料的塑性使材料产生变形,获得所需形状和尺寸的毛坯或零件的工艺。经塑性成型的零件可消除不良的铸态组织,形成完整的锻造流线,使零件的力学性能得到提高。如自由锻造工艺灵活,适用于单件、小批生产;模型锻造的材料利用率高,锻件尺寸稳定,适用于中、小型零件的大量生产。

金属的连接成型是将分离的材料通过加热或加压等方式使其达到原子之间结合的永久性连接工艺。除了用于金属材料的焊接外,还可用于塑料焊接、玻璃焊接和陶瓷焊接。连接成型常用于箱体、容器、管道及各类框架等的成型,还可与其他成型工艺相结合制造形状复杂的零件,如铸—焊复合结构、锻—焊复合结构等。

2.高分子材料成型

随着对高分子材料的应用日益广泛,其成型技术也得到了迅猛发展。塑料、橡胶等高分子材料在一定温度下属可流动性熔体,因此可通过注射、挤压、吹塑、压延等方法成型。高分子材料的成型工艺对生产设备及模具的强度要求较低,设备投资小,生产成本低,生产效率高。

3.无机非金属材料成型

陶瓷和玻璃等都属于无机非金属材料,而在机械中应用较多的是特种陶瓷。陶瓷成型是将制备好的粉料,通过注浆成型、模压成型等方法制成具有一定形状和尺寸的坯件,然后进行干燥、烧结等工序制成陶瓷制品。陶瓷材料由于熔点高、无可塑性,其切削加工性较差。

4.复合材料成型

复合材料由多相材料复合而成,能够充分发挥各组分材料的性能优点,并具有单一材料所不具备的特殊性能。同时,复合材料可根据使用性能的需要进行材料的结构设计,即实现材料的组成结构与成型制造的一体化。复合材料根据其种类不同可采用多种成型方法,具有很好的加工工艺性。

材料成型方法的分类如图 4-1 所示。

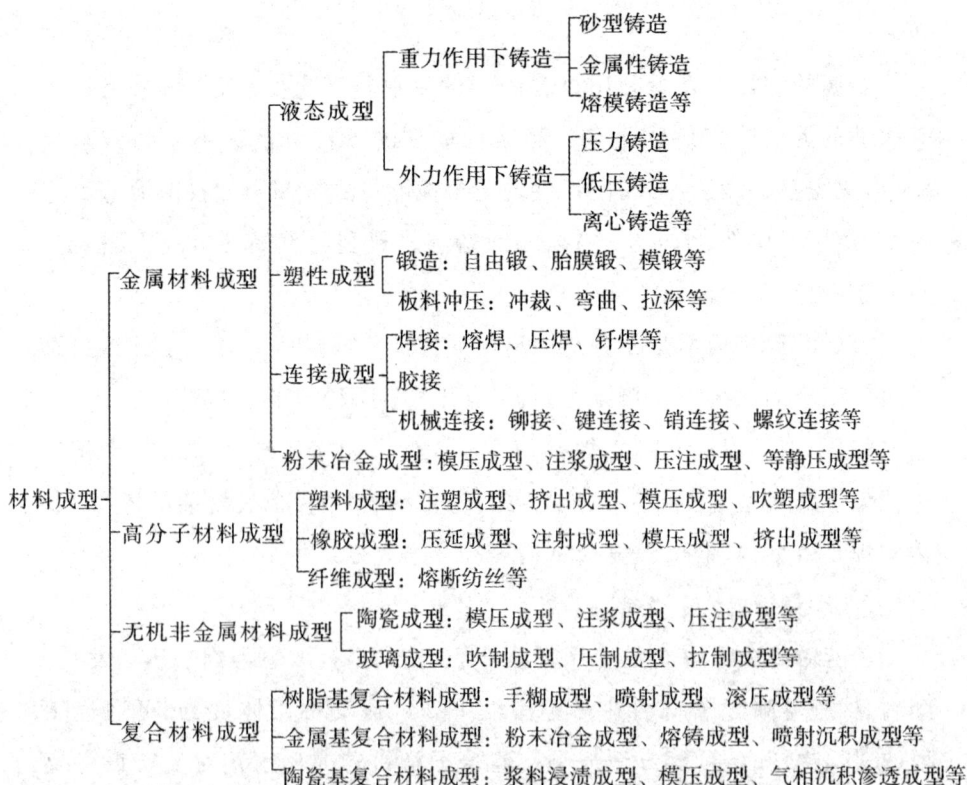

图 4-1　材料成型方法的分类

(二)材料成型工艺的特点

以上各种材料成型方法在产品性能的改变、复杂形状的适应能力、材料的利用率、生产效率等方面有着不同的特点,甚至有其他制造方法不可替代的特点。与其他机械加工技术相比,材料成型工艺具有如下特点。

(1)材料一般在热态下成型。材料成型通常在热态(液态或固态)下进行,以获得较好的成型性能。通过制作与零件形状相仿的模样或模具,使材料在自重或外力作用下充满型腔,成型为所需制件。

(2)成型工艺各具特色。材料的成型方法种类繁多,有些成型工艺还具有其独特的性能特点,是其他加工工艺所不能比拟的。例如,金属材料通过塑性成型可以改变金属的组织,使材料的力学性能大大高于采用切削加工材料的性能;对于脆性材料铸铁而言,铸造是材料成型的最佳选择,具有复杂型腔的箱体、壳体和缸体件,通常采用液态成型;高熔点难熔材料制造的零件则需采用粉末冶金方法成型。

(3)材料的利用率高。对于相同的零件产品,当采用切削加工时,要通过各种材料的去除才能获得所需的零件产品;当采用铸造、锻造等材料成型工艺时,成型后便可直接获得零件的形状,或去除少量加工余量即可。以汽车锥齿轮为例,采用棒料或块料为毛坯,进行切削加工成型,材料的利用率为41%;当采用铸件或锻件为毛坯并辅以切削加工时,材料的利用率可达83%。一般来说,零件的形状越复杂,采用成型工艺的零件材料利用率越高。

(4)生产效率高。材料的成型工艺过程易于采用机械化、自动化生产方式,可以实现大批量生产。例如,采用高速冲床生产小型零件,单班产量可高达20000件。

(5)成型制品的精度通常要低于切削加工零件的精度。在成型过程中,由于制品存在着不同程度的收缩,成型制品的精度一般要低于切削加工零件的精度。对于大部分尺寸精度和表面粗糙度要求较高的金属零件,仍需要成型后再经切削加工以获得最终产品。

三、材料成型工艺发展概况

我国古代劳动人民对材料及其成型技术的研究要远远超过同时代的欧洲,直到 17 世纪,我国还一直处于世界领先地位,为世界文明和人类进步做出了巨大贡献。

我国祖先最早用火烧制陶器和瓷器。隋唐五代时期,我国的陶瓷技术已登峰造极,当时生产的瓷器有"青如天、明如镜、薄如纸、声如磬"的美誉,成为中国文化的象征。1939 年,在河南安阳出土的商代晚期(至今已有 3000 多年)青铜器后母戊鼎重约 833 千克,体积庞大、花纹精巧。1965 年,在湖北荆州楚墓中出土的越王勾践青铜宝剑,虽然埋在地下已有 2000 多年,但出土时依然寒气逼人、毫无锈蚀、锋利无比,稍一用力,便可将多层白纸划破。在河南辉县战国墓中,殉葬铜器的耳和足是用钎焊方法与本体连接的,这比欧洲国家应用钎焊技术还早 2000 多年。我国明朝科学家宋应星编著的《天工开物》一书中记载了冶铁、炼钢、铸钟、锻铁、淬火等各种金属的加工方法,是世界上有关金属加工工艺最早的科学著作之一。

我们的祖先在材料及其成型技术方面有过辉煌的成就,但是由于历史原因,我国的生产力发展受到了严重束缚,科学技术长期处于落后状态。中华人民共和国成立以后,我国的材料成型技术发生了翻天覆地的变化,经历了从简单的手工操作到复杂的大型化、智能化和机械化生产的发展过程。

改革开放以来,随着钢铁、化学、能源等基础工业的快速崛起,航空航天工业的飞速发展,以及汽车生产的大众化,我国的铸、锻、焊等成型技术得到快速发展。根据行业协会统计,2022 年,全国铸件总产量达 5695 万吨,覆盖汽车、能源、机床、管道泵阀、航空航天、工程机械等铸件行业。一个国家焊接消耗材料的生产情况可以反映其焊接技术的总体水平,我国焊材的生产总体上是与钢材生产同步增长的。2021 年,中国焊材总耗量达到 398 万吨,成为世界最大的焊材生产与消费国家。

然而,值得注意的是,我国虽是一个铸造、锻造、焊接大国,但远不是一个铸造、锻造、焊接强国。与工业发达国家相比,我国在产品质量和生产效率上还存在较大差距,需要新一代技术人员继续不懈努力。

四、材料成型工艺的发展趋势

随着生产力的发展和生活水平的提高,人们对机器设备及其零部件提出了越来越高的要求。跨入 21 世纪,材料成型工艺呈现以下几种发展趋势。

(一)成型技术的精密化

成型技术的精密化包括两个方面的内容:一是零件外形尺寸的精密化,即从接近零件形状的近成型向直接制成零件的净成型方向发展;二是从零件内部成分组织性能的精密化向"近无缺陷"方向发展,包括成分准确均匀、组织细密、消除内部缺陷。以轿车制造为例,其铸件、锻件生产工艺的发展趋势为以轻代重、以薄代厚、成线成套、少(无)切削精密化、高效成形自动化。

(二)材料制备与成型一体化

发展材料设计、制备与成型加工一体化技术,可以实现先进材料与零部件的高效、近终型、短流程成型。其中,典型的技术有喷射技术、粉末注射成型、激光快速成型等,材料制备与成型一体化技术为高温合金、钛合金、难熔金属、金属间化合物、复合材料、功能梯度材料的制备与成型提供了更高效便捷的途径,是实现真正意义上的全过程组织性能精确控制的前提和基础。

(三)复合成型

复合成型工艺有铸—锻复合、铸—焊复合、锻—焊复合和不同塑性成型方法的复合等,如液态模锻、连铸连轧、冲压件的焊接成型等。

液态模锻为铸—锻复合成型工艺,是将一定量的液态金属注入金属模腔,然后施加机械静压力,使熔融或半熔融的金属在压力下结晶凝固,并产生少量塑性变形,从而获得所需制件。它综合了铸、锻两种工艺的优点,尤其适合于锰、锌、铜、镁等非铁合金零件的成型加工,近年来发展迅速。

连铸连轧是将钢液通过连铸机得到高温无缺陷钢坯,无须清理和再加热(但需经过短时均热和保温处理),而直接轧制成型的工艺。该工艺使铸坯的热量得到了充分利用,改善了连铸坯表面的内部质量,提高了金属收得率,将过去的炼钢厂和热轧厂有机地压缩、组合到一起,缩短了生产周期,降低了能量消耗,从而大幅度提高了经济效益,给钢铁企业带来了更大的市场竞争力和发展空间。

冲压件的焊接成型是板料冲压与焊接的复合成型工艺,即先采用冲压方法获得所需制件,再通过焊接方法得到所需整体构件,这在载货汽车的车身和轿车覆盖件的生产中应用广泛。同样地,还有铸—焊复合、锻—焊复合成型工艺,它们主要用于一些大型机架或构件的成型。

(四)数字化成型

计算机及其应用技术的发展,对材料加工成型技术的进步起到了重要的促进作用。材料数字化成型是除实验和理论之外解决材料科学中实际问题的第三个重要研究方法,已逐渐被人们接受。其具体表现为:加工前成型过程的模拟仿真和组织预测,加工中材料成型的数字化控制,加工后产品质量的自动检测等。数字化成型的最终目标是优化成型加工方法和工艺,实现对制备、成型与加工全过程的精确设计和精确控制,对制品零件的内在质量实施自动检测。

(五)材料成型自动化

自动化是把复杂的机械、电子和以计算机为基础的系统应用在生产操作与控制中,使生产在较少的人工操作与干预下自动进行的技术。实现材料成型加工过程的自动化,可以大大提高劳动生产率,降低工人的劳动强度,避免生产中人为因素的影响,保障产品的质量与精度,大大降低原材料的消耗。

(六)绿色清洁生产

一些传统的材料成型加工行业,其劳动条件较为恶劣,对环境造成的污染也较大。改善工作环境,实现绿色清洁生产应是 21 世纪材料加工成型行业的奋斗目标之一。随着人们环保意识的不断增强,环保和清洁生产的工艺与装备得到了大量采用。除尘设备、降噪设备的使用,使工人的操作环境及劳动条件大为改善;生产废料(如废渣、废气、废水等)的再生利用或无害处理,大大减少了生产资源的浪费和对环境造成的污染,符合绿色可持续发展的时代要求;绿色材料与绿色成型工艺的应用,不仅优化了工厂环境,而且实现了零工业污染物排放。

五、本课程的性质、基本要求和学习方法

(一)课程性质

"材料成型工艺基础"是高等院校机械类专业必修的一门综合性技术基础课。本课程主要涉及与产品制造有关的材料成型技术的基本知识。本课程的选修课程主要有工程制图、工程材料、金工实习和工程力学等。

(二)课程基本要求

学生在选修课程学习的基础上,通过本课程的学习,能够掌握毛坯或制品的成型方法、成型原理及其成型的工艺特点,初步具有根据毛坯或制品的使用要求正确选择材料、成型方法和制定工艺及参数的能力;初步具有综合运用工艺知识分析零件结构工艺性的能力;了解有关新材料、新工艺、新技术及其发展趋势,为学习其他有关课程及以后从事机械设计与制造方面的工作,奠定必要的基础。

(三)学习方法

"材料成型工艺基础"是一门技术性和实践性很强的课程,有丰富的工程应用背景,在学习过程中要紧密联系金工实习、现代工程训练、现场参观、实验教学等实践环节,充分利用现代化教学手段(如多媒体课件、电视录像片等),以增强感性认识,并做到理论联系实际。

由于材料的种类繁多,其性能也千变万化,课程中涉及的材料成型的概念多,专业术语多,工艺方法也多。对于每种成型技术,可以按照"成型基本原理→成型方法与设备→典型成型工艺→零件结构工艺性→成型新技术"这一主线进行学习和复习。在此基础上建立各种成型方法之间的关系,对比各类成型工艺的特点和应用。同时,积极参加一定量的以任务为导向的工程训练项目,注重主动学习、自主学习能力的培养,努力做到知行结合,以达到学以致用的目的。

第二节 材料成型控制工程基础

一、生产过程自动化的发展概况

20世纪30年代以来,自动化技术取得了惊人的成就,已在工业生产和科学发展中起到了关键作用。当前,自动化装置已成为大型设备不可分割的重要组成部分,可以说,如果不配置合适的自动控制系统,大型生产过程就难以高效运行。实际上,生产过程自动化的程度已成为衡量工业企业现代化水平的一个重要标志。

回顾自动化技术的发展历史可以看出,虽然它与生产过程本身的技术发展密切相关,但事实上,它的发展更依赖自动控制理论的不断进步,在此基础上,其控制策略才得以在工业中逐渐推广。自动控制理论与自动化发展的比较如图4-2所示。

```
                  理论  ⟷  应用
                                         连续过程工业（过程
                                         控制即自动化）
                                工业过程  离散过程工业
              自动控制理论   生产过程         间隙过程工业
                                其他

                                         PID控制、Smith控制、解耦控制等
         20世纪50年代：经典控制理论

控制理论发展  20世纪60年代：现代控制理论  典型控制策略  自适应控制、变结构控制等

         20世纪80年代：智能控制理论        模糊控制、专家控制、神经
                                         网络控制等
```

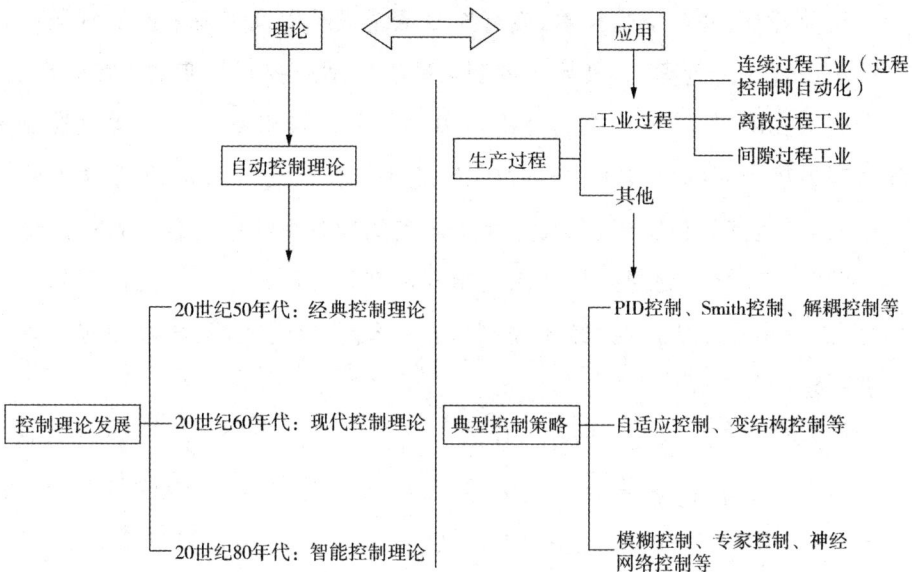

图 4-2　自动控制理论与自动化发展的比较

自动化在生产中的应用,大致经历了三个发展阶段。

(1)第一阶段:20 世纪 50 年代以前。这一时期的自动控制理论为经典控制理论,其特点是:主要研究对象是单输入—单输出线性定常反馈系统,数学基础是拉普拉斯变换,系统的数学模型以传递函数为主,系统的设计、分析法基于频率法和图解法(根轨迹法)。

20 世纪 40−60 年代是经典控制理论的发展与成熟阶段,其典型控制策略主要包括 PID 控制、Smith 控制和解耦控制等,目前 90％的工业控制回路仍采用各种形式的 PID 控制。

(2)第二阶段:20 世纪 60 年代。50 年代后期,贝尔曼等提出使用状态空间法,标志着现代控制理论开始形成。1960 年,卡尔曼在控制系统研究中成功地应用了状态空间法,并提出了可控性与可观测性的概念,这使现代控制理论在 20 世纪 60 年代得以迅速发展起来。

现代控制理论适用于多输入—多输出、时变参数、分布参数、随机参数、非线性等复杂控制系统的分析设计。它以状态空间法为数学模型,以矩阵理论为数学基础,主要研究内容有:线性系统分析、系统的稳定性、极大值原理与最优控制、卡尔曼滤波和系统辨识等。

目前,国内外在空间技术、飞行控制系统设计以及工业生产等领域已广泛采用现代控制理论,其典型控制策略有自适应控制和变结构控制等。

应该指出,尽管现代控制理论对多输入—多输出系统已有实时控制和实现最优控制的能力,但经典控制理论也有其长处。例如,频率法的物理意义就很直观、很实用,尤其是在所研究的控制系统中有各种各样的振动问题时。经典控制理论与现代控制理论都是控制理论学科的两大组成部分,二者相辅相成,掌握经典控制理论的概念与原理,是学习和应用现代控制理论的基础。

(3)第三阶段:20世纪80年代末。随着计算机的发展与社会对工业控制需求的不断增长,智能控制策略出现了。它主要以智能控制理论为指导,其典型控制策略有:模糊控制、专家控制、神经网络控制等。20世纪90年代末至21世纪初,以"精确控制"为主要特点的"智能化加工"技术,综合利用相关智能控制策略在轧钢厚度控制、无模拉拔等工艺中得到了迅速发展。

二、过程控制的要求和任务

生产过程是指物料经过若干加工步骤成为产品的过程。

生产过程中的工业过程可分为连续过程工业、离散过程工业和间隙过程工业。其中,连续过程工业所占的比重最大,涉及石油、化工、冶金、电力、轻工、纺织、医药、食品、建材等工业部门,连续过程工业的发展对国民经济意义重大。

工业自动化涉及的范围极广,过程控制是其中最重要的一个分支。所谓过程控制,主要是指对连续过程工业的控制,其被控量有温度、压力、流量、液位(或物位)、物理特性和化学成分,这六大参数是物流性质和操作条件在工业过程的体现。

工业生产对过程控制的要求是多方面的,最终可以归纳为三项要求,即安全性、稳定性和经济性。

(1)安全性。安全性是指在整个生产过程中确保人身和设备的安全,这是最重要的,也是最基本的要求。通常采用参数越限报警、事故报警和连锁保护措施来保证生产过程的安全。另外,现代故障预测与诊断、容错控制等对日益连续化和大型化的工业企业的安全性也有很大作用。

(2)稳定性。稳定性是指系统抑制外部干扰、保持生产过程长期稳定运行的能力。工业运行环境(特别是恶劣的)的变化、原料成分的变化、能源系统的波动均有可能影响生产过程的稳定性。在外部干扰下,过程控制系统应该使生产过程参数与状态产生的变化尽可能小,以减少或消除外部干扰可能造成的不良影响。

(3)经济性。在满足以上两个基本要求的基础上,低成本、高效益是过程控制的另一个目标。为此,不仅需要对过程控制系统进行优化设计,还需要管控一体化,即以经济效益为目标的整体优化。

过程控制的任务就是在了解、掌握工业流程和生产流程的静态与动态特性基础上,根据上述三项要求,应用理论对控制系统进行分析和综合,最后采用适宜的技术手段加以实现。随着生产对控制要求越来越高,要充分注意现代控制技术在生产过程中的应用,其中过程模型的研究举足轻重,因为现代控制技术在过程中的应用取决于对过程静态和动态特性的认识深度。

因此可以说,过程控制是控制理论、工艺知识、计算机技术和仪器仪表知识相结合而构成的一门应用科学。

过程控制要提升到一个新水平,就必须有新控制理论的出现或突破,因为现场中的工业控制仍多采用老一代产品,过程控制的任务可以通过控制系统的设计与实现来完成。

三、过程控制系统的组成与分类

(一)过程控制系统的组成

过程控制系统一般由以下几个部分组成。

(1)被控过程(或对象);

(2)用于生产过程参数的检测与变送仪表;

(3)控制器(或称"调节器");

（4）执行机构（如调节阀）；

（5）报警、保护和连锁等其他元件（部件）。

过程控制系统基本结构如图 4-3 所示。

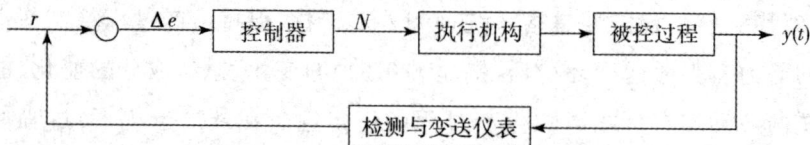

图 4-3　过程控制系统基本结构

控制器（或称"调节器"），是自动调节系统中的指挥机构，根据系统输出量检测值 $y(t)$ 与设定值 r 通过比较元件进行比较，将二者的差值 Δe，按照某种调节规律（或控制算法）进行运算，然后发出调节信号 N，使执行机构动作。

执行机构（如调节阀）接收控制器发出的控制信息，并将其放大，去推动调节机构，如各种调节阀、可控硅及接触器等，目前可供选择的商品化执行器只有调节阀，它能满足大多数控制系统的要求。

检测元件，其功能是感受并测出被调量的大小，如热电偶、孔板等；变送器的作用则是将检测元件测出的被调量，变换成调节器所需的信号形式。

自动调节系统的组成不是机械的拼凑，而是互相协调配合的组合，各自承担着不同任务，达到自动调节的目的。在自动调节系统中，信号沿着箭头的方向前进，最后又回到原来的起点，形成一个闭合的回路，那么这样的系统称为"闭环系统"，如图 4-3 所示；如果信号前进到某处断开了，没有形成闭合的回路，那么这种系统称为"开环系统"。被调量作为系统的输出信号又被引回到输入端的做法称为"反馈"。由于反馈信号 $y(t)$ 送到输入端后，其作用方向与输出相位相反而且以其负值来考虑，故称为"负反馈"；反之，称为"正反馈"。所谓正负，是相对于给定值而言的。

（二）过程控制系统的分类

过程控制系统有以下多种分类方法。

（1）按被控参数分类，可分为温度控制系统、压力控制系统、流量控制系统、液位或物位控制系统、成分控制系统；

（2）按被控量数分类,可分为单变量过程控制系统、多变量过程控制系统;

（3）按设定值分类,可分为定值控制系统、随动(伺服)控制系统;

（4）按参数性质分类,可分为集中参数控制系统、分布参数控制系统;

（5）按控制算法分类,可分为简单控制系统、复杂控制系统、先进或高级控制系统;

（6）按控制器形式分类,可分为常规仪表过程控制系统、计算机过程控制系统。

四、过程控制系统的性能指标

(一)稳态与动态

过程控制系统在运行中有两种状态:一种是稳态,另一种是动态。

在自动调节系统中,被调量不随时间的变化而变化的平衡状态称为系统的"稳态"(也称"静态");被调量随时间的变化而变化的不平衡状态称为系统的"动态"。

当一个自动调节系统的输入(给定和干扰)恒定不变时,整个系统处在一种相对平衡的状态,系统的各个环节如变送器、调节单元和调节阀等暂不动作,它们的输出信号都处于相对静止状态,这就是上述的稳态。一旦系统受到干扰,平衡被破坏,被调量发生变化,调节器就开始调节,直到系统又重新进入稳态。这样系统就经历了如图 4-4 所示的一个调节过程。

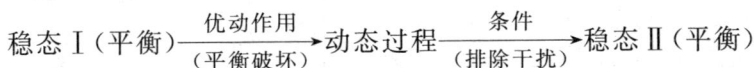

$$稳态\text{I}（平衡）\xrightarrow[\text{（平衡破坏）}]{\text{优动作用}}动态过程\xrightarrow[\text{（排除干扰）}]{\text{条件}}稳态\text{II}（平衡）$$

图 4-4 系统的调节过程

综上所述可知,从干扰的发生经过调节直到系统重新建立平衡,在这段时间内,各个环节和参数都处于变动状态之中,这种状态称为"动态"。在自动调节系统中,了解系统的稳态是必要的,了解系统的动态则更重要。

(二)自动调节的过渡过程

在自动调节系统动态中,被调参数随时间变化的过程称为自动调节系统的"调节过程"或"过渡过程",亦即系统从一个平衡状态过渡到另一个平衡状态的过程,如图 4-5 所示。

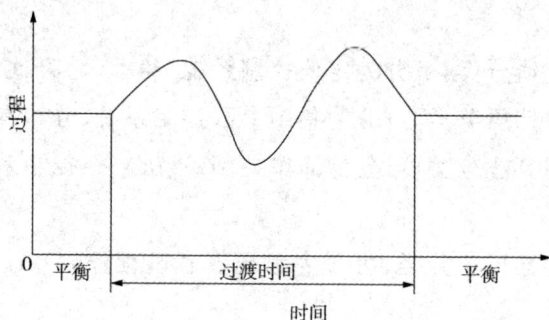

图 4-5　系统的过渡过程

　　在过渡过程中,被调量随时间变化的曲线称为"过渡过程曲线"(也称"调节过程曲线""反应曲线"等),它是分析对象动态特性的一个很重要的曲线。对于一个自动调节系统,在设计或运行阶段,衡量系统质量的依据主要是系统的过渡过程。

　　评价一个系统调节过程的好坏,通常是在相同的阶跃输入信号作用下比较它们的输出信号(被调量)的变化过程(比较调节过程)。调节对象受扰动后,系统过渡过程有如图 4-6 所示的几种基本形式。

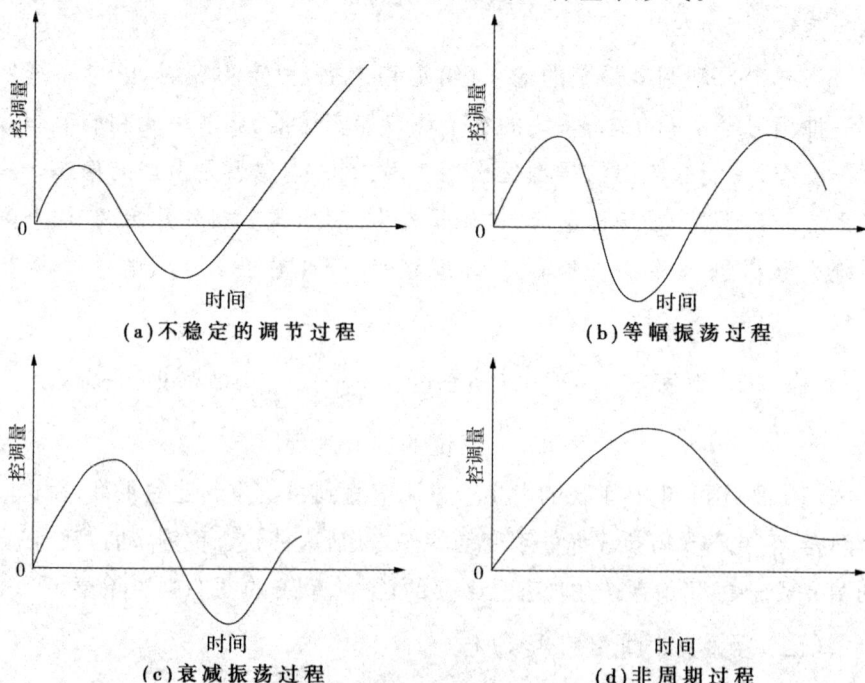

(a)不稳定的调节过程　　　　　　　　(b)等幅振荡过程

(c)衰减振荡过程　　　　　　　　(d)非周期过程

图 4-6　系统过渡过程的几种基本形式

　　(1)稳定的调节过程。如果自动调节系统受到一次扰动,其平衡状态受到破坏后,经过调节能够达到新的平衡状态,即被调量能够达到新的稳态值,则称为"稳定的调节过程"。稳定的调节过程又分为衰减振荡过程和非周期过程两种,如图 4-6(c)、图 4-6(d)所示。前者表明当系统受到扰动时,平衡被破坏,经过调节被调量要经历几次波动方能衰减而趋于稳定。后者表明被调量没有什么波动就平坦而缓慢地回到了给定值或回到了允许范围内。由于非周期调节过程变化缓慢,过渡时间长,且被调量在动态中变化幅度大,不能满足生产上的需要,一般不采用。

(2)不稳定的调节过程。自动调节系统受扰动后,如被调量的变化呈发散振荡或等幅振荡的形式,称为"不稳定的调节过程",如图 4-6(a)、图 4-6(b)所示。

如图 4-6(a)所示的过程是被调量随时间的增长而无限增加,到某一时刻,被调量的数值就可能超出生产允许的极限而发生事故,在生产过程中发散振荡的过程是非常危险而不能采用的过程。

如图 4-6(b)所示的过程是一个等幅振荡过程。这种过程处于稳定与不稳定之间,称为"稳定边界"。但等幅振荡属于不稳定的范畴,系统中若有延迟等不利因素的影响,过程就会发散,即使不发散,被调量长期振荡不息也是不允许的。因此,等幅振荡过程也是不能采用的过程。

(三)品质指标

为了评价一个自动调节系统的好坏,生产现场可以用实际施加扰动的方法来观察它的过渡过程曲线,也可以通过理论分析方法画出过渡过程曲线来分析。根据过程控制的特点,主要讨论定值检测的性能指标。评定一个系统的品质指标,主要是从系统的稳定性、快速性和准确性这三个方面来考虑。

1.稳定性

控制系统稳定性是指系统输入量(包括控制输入量和扰动输入量)发生变化但趋于某一稳态值后系统的被控制量(输出量)也跟着变化,且最终也能趋于某一稳态值而不出现持续振荡或发散振荡的性质。稳定性是控制系统正常工作的必要条件。控制系统都含有储能的元件,当系统的各项参数配合不当时,将会引起系统振荡而失去工作能力。所以,对于控制系统的稳定性分析和设计,乃是控制理论的主要研究课题之一。

一般用"衰减比 η"或"衰减率 ψ"概念来定量地表示调节系统的稳定程度。衰减比是衡量振荡过程衰减程度的一个指标,等于两个相邻同向波峰值之比,即

$$\eta = \frac{y_1}{y_2}$$

衡量振荡过程衰减程度的另一个指标是衰减率,是指每经过一个周期以后,波动幅度衰减的百分数,即

$$\psi = \frac{y_1 - y_2}{y_1}$$

如图 4-7 所示,ψ 也就是同方向的相邻波幅之差($y_1 - y_2$)与第一个波值(y_1)的比值。若得知数据 ψ 的值,便可以很快地判断调节过程的性质。

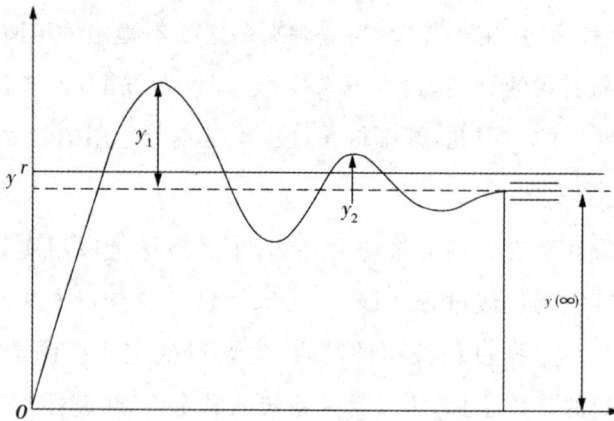

图 4-7   过程控制系统阶跃响应曲线

若 $\psi < 0$,则调节过程是发散振荡过程;

若 $\psi = 0$,则调节过程是等幅振荡过程;

若 $0 < \psi < 1$,则调节过程是衰减振荡过程;

若 $\psi = 1$,则调节过程是非周期过程。

$\psi > 0$ 表明系统是稳定的,但也不能认为 ψ 越大越好。$\psi = 1$ 的非周

期过程,从前面分析可知,该过程调节的时间长,偏差也大。

必须指出的是,稳定性要求应该满足一定的稳定裕量,以便照顾到系统工作时参数可能发生的变化。衰减比习惯上用 $\eta:1$ 表示,在实际生产中,一般希望过程控制系统的衰减比为 $4:1$ 到 $10:1$,相当于衰减率 $\psi=0.75\sim0.9$。若衰减率 $\psi=0.75$,则大约振荡两个波就认为系统进入稳态,因为过渡过程开始阶段变化速度较快,被调参数在受到干扰的影响和调节作用的校正后,能比较快地达到一个波峰值然后立即下降,并较快地达到低波峰值。

2. 快速性

快速性是在系统保持稳定的前提下提出来的。所谓快速性,是指当系统的被控量与控制输入量之间发生偏差时,调整到新的稳定状态所需的时间。快速性可用过渡时间、自然振荡周期或频率来表示。

(1)过渡时间(也称"调节时间")。过渡时间是指从扰动发生开始到结束的时间。理论上它应该无限长,但一般认为当被控量进入其稳态值 $\pm5\%$ 范围内,就算过渡过程已经结束,这时所需时间就是调节时间,如图 4-6 所示。一般希望过渡时间要尽可能短些。

(2)自然振荡周期或频率。在过渡过程曲线上,从第一个波峰值到第二个波峰值之间的时间叫作"周期",其倒数即为频率。在保证一定衰减率的前提下,一般希望周期越短越好,周期短就意味着过渡时间短,快速性好。

3. 准确性

调节过程的准确性可用被调量的动态偏差(常用"最大动态偏差")和稳态偏差来表示。

(1)最大动态偏差和超调量。最大动态偏差是指设定值阶跃响应中,过渡过程开始后第一个波峰超过其新稳态值 $y(\infty)$ 的幅度,如图 4-7 中的 y_1 所示。最大动态偏差(y_1)占被调量稳态变化幅值 $[y(\alpha)]$ 的百分数又称为"超调量"(δ),反映系统的平稳性。最大超调量越小,说明系统过渡过程越平稳,一般调速系统 δ 可允许在 $10\%\sim35\%$,对轧钢机而言,初

轧机要求 δ 小于 10％，连轧机要求 δ 小于 2％～5％，卷取机的张力控制不允许有超调量。如果动态偏差越大，偏差的时间越长，则说明系统离开规定的生产状态越远。最大动态偏差更能直接反映在被调量的生产运行记录曲线上，因此，它是控制系统动态准确性的一种衡量指标。

（2）静态偏差。静态偏差是指调节过程结束后，系统进入稳定状态后输出量的实际值与设定值之间的误差，也称"残余误差"，或简称"余差"，其值可正可负，如图 4-7 中为 $r-y(x)$。

总之，在调节过程中被调量偏差（动态偏差、稳态偏差）的大小，表示了自动调节系统的准确性。

综上所述，系统过渡过程的指标可以概括为稳定性、快速性、准确性这三个主要品质指标。衰减率说明稳定性，动态偏差与稳态偏差说明准确性，过渡时间与自然震荡周期或频率说明快速性。这三个品质指标常常是互相矛盾、互相制约的，所以不能片面地追求某一指标，而是应结合生产过程及要求综合考虑。

五、自动控制技术在材料成型领域中的应用

在材料成型领域，为提高产品质量，降低生产成本，减轻劳动强度，除了对传统的工艺和设备进行不断改造，另外一条有效途径就是在生产过程中引入各种自动控制技术。目前，在材料成型领域的许多方面都可以见到自动控制技术的应用，下面以冶金和轧制系统为例进行介绍。

（一）自动控制技术在（薄板坯）连铸生产过程中的应用

自动控制技术在（薄板坯）连铸生产过程中的具体应用如下。

1. 钢包钢水脱氧自动控制

为控制钢水质量，要根据钢水中的含氧量投入铝丝。自动控制系统可以连续测量钢包中钢水的温度和含氧量，据此计算铝丝的投入量，并控制给料器将铝丝送入钢包中。

2. 保护渣加入自动控制

在结晶器钢渣液面上加入保护渣，是防止钢液表面氧化、吸收上浮非

金属夹杂物及保持铸坯与结晶器之间良好润滑所必不可少的一道程序。在浇铸宽板坯时,利用自动控制系统可以确保保护渣均匀地散布在钢液表面上。

3.结晶器宽度自动控制

为提高产量并降低消耗,在连铸和轧制两种工序之间实现生产节奏匹配,出现了结晶器在线调宽技术。这种技术通过自动控制系统实现连铸板坯宽度的在线调整。

4.全自动浇铸系统

全自动浇铸系统可对中间包液位、结晶器液位和拉速进行自动控制。

5.自动控制技术

在当前薄板坯连铸连轧工艺中,连铸机采用了"液芯压下"自动控制技术,使出结晶器的铸坯有更大的尺寸范围。此外,该技术的采用还能降低能耗、提高铸坯质量。

6.连铸坯毛刺自动清理

该技术可对火焰切割后连铸坯表面残留熔渣进行自动清理。毛刺自动清理系统可以自动检测毛刺的位置,并控制火焰清理装置对毛刺进行清理。另外,钢坯热态自动打标、钢坯二次冷却控制及钢坯搬运自动化作业等技术也都得到了广泛的应用。

(二)自动控制技术在板带轧制生产过程中的应用

自动控制技术在板带轧制生产过程中的具体应用如下。

(1)参数自动设定。利用计算机给定的数学模型计算压下规程、速度设定、张力设定和辊缝设定,并通过执行机构控制相关设备的动作。

(2)张力控制。在连轧过程中,通过自动控制系统调节机架间的张力与卷取机间的张力,从而控制产品质量。

(3)厚度自动控制。厚度精度是衡量板带材产品质量的重要指标之一。因此,厚度自动控制系统较早地被引入轧钢生产过程,对克服由各种因素造成的板带材纵向厚度波动起到了重要作用。

(4)板形自动控制。板形也是衡量宽带钢产品质量的重要指标之一。

板形自动控制系统的应用,可以通过轧机出口处带材板形的检测,及时调整上下轧辊的辊凸度曲线或改变轧制压力、带钢张力等工艺参数以达到改善板形的目的。

(5)速度自动控制。轧辊转速是轧制过程中重要的工艺参数,尤其是在连轧过程中各机架的速度应保持稳定,任一机架速度的波动都将影响产品质量,甚至影响生产的正常进行。通过速度自动控制系统,可保证轧辊转速与设定值保持一致,当扰动产生速度波动时,也能及时复原。

除了上述自动控制技术,板坯自动跟踪、自动位置控制、活套自动控制、终轧温度控制、卷取温度控制等技术也已得到了广泛应用。

(三)自动控制技术在高速线材轧制生产过程中的应用

自动控制技术在高速线材轧制生产过程中的应用如下。

(1)轧机调速控制。在高速线材轧制过程中,调速控制系统可根据精轧机组末机架的基准速度和各机架伸长率计算各机架的速度设定值,并在轧制过程中使各机架速度与设定值保持一致。

(2)飞剪控制系统。高速线材轧机采用飞剪控制系统可确保切头的精度和质量,从而提高线材成材率,保证轧件顺利切入,有效防止生产事故的发生。飞剪控制系统主要是控制飞剪的速度、启动和停车。

(3)活套控制系统。在高速线材轧制过程中,活套对轧制的正常进行及产品质量和成材率都起着重要作用。活套控制系统可使活套准确地动作和定位,保证稳定轧制,提高线材质量。

除了上述自动控制技术,微张力控制、冷却控制及连续测径等技术也都得到了广泛应用。

(四)自动化控制技术在百米高速重轨生产过程中的应用

通常,人们把速度为 200 千米/小时、300 千米/小时、350 千米/小时的高速铁路分别称为"第一代高速铁路""第二代高速铁路"和"第三代高速铁路",目前世界上轮轨系统高速铁路的实验车速已达 515 千米/小时。2009 年 12 月 26 日正式运营的武广高速铁路,是目前世界上第一条实际运行车速最快的高速铁路,最高车速可达 394 千米/小时。高速铁路对钢轨质量的技术要求主要体现在钢质纯净度、钢轨表面质量、内部质量、几何尺寸精度和钢轨外观平直度等几个方面。

根据重轨生产工艺,生产设备可分为加热炉区、轧机区、冷床区三个部分。为满足上述钢轨技术要求,高速铁路应用钢轨的生产过程自动控制主要在重轨钢质的冶金质量控制、万能轧制法中的孔型设计,以及计算机在线调整钢轨几何尺寸的精度控制、冷床上长尺重轨的反向预弯变形控制、矫直机中的重轨残余应力控制等方面。

综上所述,因为轧钢生产过程系统复杂庞大,工艺流程长,产品品种、规格繁多,且生产环节相互联系,所以生产过程正日益向高速化、大型化、智能化、低耗能等方向发展,而高效率、高质量的轧制生产过程控制是适应社会发展、实现企业丰厚利润的重要技术措施。此外,借助计算机系统的应用,目前国内外许多钢铁公司都已建立了自动化管理系统,如蒂森、新日铁、浦项、宝钢、武钢等,这些系统渗透到每一级生产部门,为这些钢铁公司带来了巨大的经济效益。该自动化管理系统包括合同处理、原料申请、生产计划编制、工艺控制、质量控制、备品备件管理、库存管理、发货管理等一系列环节,使钢铁企业逐步实现了从"用户订货""轧制过程生产自动化"到产品发货的产销一体化。

第五章 材料专业人才培养发展模式

以立德树人为引领，以应对变革、塑造未来为建设理念，以继承与创新、交叉与融合、协调与共享为主要途径，培养未来多元化、具有创新精神的卓越工程技术人才，这是"新工科"的内涵。新工科专业人才培养要贯彻落实创新、协调、绿色、开放、共享的新发展理念，培养兼具国际视野、工程素养和创新能力的新工科专业人才。新工科专业人才应具备以下素质和特点。

（1）不仅要在所学专业层面基础深厚，还要与其他学科相互交叉融合，实现"宽口径，厚基础"的培养目标。

（2）不仅能使用所学专业知识应对具体工作，还能学习新知识、新方法、新技术以适应未来发展新趋势，对技术和经济发展起到引领作用。

（3）能以"六新"发展为指引，以"互联网＋"为行动纲领，迅速结合当前信息技术如大数据、人工智能和互联网等新科技冲击与新商业模式，充分认识到经济社会的快速发展，知识更新速度的日益加快，新概念、新业态的层出不穷。

（4）不仅能解决实际生产中的复杂疑难问题，还能运用现代工程和信息技术工具进行科学研究，组织技术开发及设计制造，理解并遵守职业伦理和道德规范，兼具社会责任感、人文社会科学素养等良好素质。

归纳起来，与传统工科专业人才相比，新工科专业人才培养要达到工具理性和价值理性的相互支撑、相互促进，实现"价值塑造""知识传授""能力培养"的融会贯通。在精神、知识和能力层面更胜一筹，更加具有家国情怀，更加具备国际视野及交往能力，更加具有社会责任感，更加具备工程创造力，更加具备工程领导力，更加具备终身学习能力。有了明确的目标，我们就可以针对当前高等教育人才培养中存在的问题，梳理剖析，比较对照,在人才培养模式方面进行改革,守正创新,铸魂立业。

第一节 教与学双主体融合的人才培养

一、确立人才培养环节阶段性目标,提高学习能动性

新工科人才培养有明确的培养目标和丰富多样的教育内容,要求注重提高学生的学习兴趣、学习参与度、学习效果,以及对学生自身能力的培养;而传统人才培养只注重设计长远目标,阶段性培养目标相对模糊,缺乏阶段学习成就感,生涯规划意识淡薄,导致学生学习能动性差。如此有针对性地通过教育组织形式再设计和教育内容重新规划,更有助于充分激发学生的潜能,支持学生个性化成长,让学生的禀赋和特长得到充分发展,进一步促进其自我学习和自主创新。

要改变教师"满堂灌"和学生"被动学"的教学形式,探索"以学生为中心"的教学思维,使学生能够掌握知识探索的正确、有效方法;应采用精讲多练的教学方式,教师的讲解不应局限于理论原理和学习目的,而应更多地启发学生关注目标的实现过程,力求全方位激发学生的学习兴趣;根据高校各个阶段的学习要求和理论教学进度,合理设计逐层递进的、相对应的实践教学体系,使之与理论教学有机地融合;学生在自我求知的过程中,会接触到专业的未知领域,教师只有不断引导、鼓励学生大胆探索,学生才能保持钻研的乐趣,发挥主观能动性,逐步提升解决实际问题的能力。虽然不能说个性化发展的人一定具有创造性,一定能产生创新价值,但没有个性的自由发展,就不可能产生创新型人才。

二、培植创新发展理念,适应教学改革新机制

新工科的人才培养要面向未来发展,努力满足未来各种新型工程科技的需求。要培养引领未来产业发展的卓越工程科技人才,需要从课程体系、教学内容和教学方式等方面进行改革。开设与此相对应的新学科

专业,不仅要对传统专业培养方案中的教学学时进行调整,还要增加工程知识及前沿学科知识内容,加大创新实践学分,促使教学方案不断再设计和优化;采用慕课和微课等现代技术手段推动在线学习,实现线上线下相结合,新技术运用不代表教师可以减轻负担,相反,需要投入更多的精力和时间来精讲课程重难点以及拓展知识,学生则不会像过去那样死记硬背、考试合格即可,也需要很大程度地自主投入研习,完成教学流程重构;采用课堂启发式讨论、翻转课堂教学模式,促进教学向"以学生为中心"转换,课堂教学针对反映的问题重点讲授,提升学科知识教学的广度与深度,增加学生的讨论探究环节并提升学生参与度,使学生有时间自主思考和更专注于主动学习,达到个性化的内化吸收,促进学生的全面发展。通过培养方案优化提供"创新指南",施展教学改革获得"创新模式",养育实践实训形成"创新路径",为培养新工科复合创新型人才奠定基础。

三、加强教师综合培育,实现人才培养新突破

在新工科建设的背景下,人才培养需要综合性的思维、跨界整合的能力和多元的知识结构。多数教师毕业后即从学校到学校,首先需要做到教学工作尽心尽力、富有责任心和拥有正确的价值观,崇尚奉献、乐于奉献、甘于奉献。青年教师多数未涉猎过其他学科学习,也没有参与过其他学科的实践训练,掌握的知识也仅局限于本身所学的专业领域,因此需要尽可能构建一个完整的知识框架,具有迅速转换与交叉的能力,做到理工多学科知识的融合;由于缺少相应的教学经验,教学依靠传统的教育方式,或者过度依赖多媒体技术,使课堂教学变成了阅读课本和简单复述,应该将先进的信息化教学技术作为辅助手段,进行学习模式与教学模式的创新,在讲课中融入多个学科的新知识和新技术,教与学双向拓展思路。青年教师作为高校人才培养和科研任务的主要承担者,工程实践背景及能力缺乏已经严重阻碍了工程类专业教学质量的提高。所以,对于理工类学校或学院、专业,应招聘具有企业或相关工程实践经验的技术人员进入教师队伍,改变闭门科研、只写论文的学生培养途径,避免多数朝

理科化方向发展,片面地用论文来评价一切的情况;或聘请企业工程师辅助教学,利用他们丰富的实践经验,将工程实际与理论相结合,使学生对于理论学习形成明确的现实需求。以教师的知识更新、能力提升带动学生视野的开阔,激励学生不断对新的未知领域进行探索,从而培养出符合新工科要求的人才。

第二节　多学科交叉融合的人才培养

一、顺应行业发展前景,设置新兴专业模块

新工科要建设一批以"互联网＋"为核心,包括具有大数据、云计算、人工智能和虚拟仿真等现代技术特征的相关专业,这不仅需要现有专业的升级改造,也需要设置新的专业方向,以应对产业发展和新一轮的科技革命与产业变革。当前产业技术更新换代迅速,产业应用技术发展快,部分专业设置、实验仪器设备和行业认知都不能适应风云变幻的市场竞争,逐步落后于技术现状,并最终落后于企业愿景,落后于产业发展需求。因此,有必要淘汰落后的,不能适应新形势、新业态的学科专业,通过设置新的专业方向与建设目标,逐步搭建起新工科创新人才专业培养平台。

二、增强实践实训功能,构建创新人才培养体系

相对于传统的工科人才,未来新兴产业和新经济需要的是理论知识扎实、实践能力强、具有创新意识、具备行业领军潜质的高素质复合型新工科人才。新工科是面向高等教育的一项重大改革,而实践教学又在其中起着至关重要的作用。学生通过实践教学初步了解工业流程的具体形式,对实践过程的感知会深深地影响学生对其专业和所从事行业的认知,因此,在新工科人才培养体系的构建过程中,实践教学是重要的培养环节。实践与理论之间的关系密不可分且互相影响,理论教学是实践训练的前奏,为实践教学提供必需的指导。传统模式是理论讲授在前,后续集

中安排实践课程,理论讲授与实践环节脱节,学生不仅理论知识掌握不牢,而且实践动手训练得不到保障,工程意识淡薄,这些都约束了学生走上工作岗位后能力的发展。创新人才培养必须解决好面向工程技术的实践教学问题,构建以实践教学为核心的创新人才培养体系,才能转化出创新动力,促进学生加深对理论知识的理解、掌握和消化,为自主学习和能力培养奠定基础。

三、解决条件与制度限制,提高学生培养成效

随着国家和各级政府对高等教育投入的加大,教学中的科研装备与实验条件已经有了很大改善,但大多数高校专业实验教学条件还不够理想,不仅因为招生规模扩大需要解决经费问题,还面临生师比过大、生均仪器台(套)数不足等条件欠缺,各项评估均受影响的窘境。传统实验教学多以基础理论的验证和演示为主,缺少设计型、探究性的综合实验;学生多以重复性模仿操作为主,自主选择空间狭窄,虽然新建了许多虚拟现实与仿真实验室,但能与工业主流水平配套的综合创新实验平台仍然较少,缺少对学生的思维训练,从而导致学生的创新意识薄弱。

高校在引进人才方面多采取非常规措施,师资来源也是针对科研团队和布点方向,实验教师长期定位不准确,补充较为困难,师资力量薄弱。近年来,虽然有一些博士毕业生补充到实验室工作,但教师岗位是基于人事考核指向开展工作的,尤其是青年教师重科研轻教学,实验教师的待遇和地位均不高,教学积极性低,理论教学与实践教学严重脱节,评价导向不利于实验教学和队伍建设,这也是高等教育有待解决的问题。

新工科人才培养要求高校必须尽快解决在实验教学中教师积极性不高和实验条件不足的问题,把实验教学与实践训练融入教学改革中,同时增强教师和学生的创新意识,营造新型工程技术人员培养系统新模式,使学生在多种形式的实验实践平台锻炼,具备创新精神和实践能力,既能回应当前需求,又能积极面向未来。

第三节 "产学研用"深度融合的人才培养

要深化科技体制改革,建立起以企业为主体、市场为导向、产学研深度融合的技术创新体系,产学研融合是人才培养的重要措施。

一、依托企业合作互融,加强工程技术教育

走新工科交叉与融合之道,使产教各自对应的岗位和人才供给侧同时参与改革。高校利用人才、科研和学科优势,以加速产业创新发展和企业转型升级为方向,借助政府政策和资金支持,一起打造集高新技术研发与成果转化、创新创业人才培养,以及企业员工理论基础与专业水平提升、科技信息交流与政策咨询于一体的"产学研用"协同创新平台,在这里,学校和企业都是"合作主体",助力实现产教等多方的融合。

高校教师是主力军和实践者,可以依托与企业的合作,以进入企业技术创新中心或博士后工作站等方式,增强对工程技术的认知,亲历工程技术的发展与瓶颈,把人才培养结合在校企、校所等合作中,转变教育、推广科技成果等模式,提高产品科技含量和竞争力,实现理论知识深化与技能培养的有机融合及升华,培养出更高层次的智慧素质与创造技能。

二、促进大学生实践教学升级,培养创新思维

大学生对专业知识的学习主要是通过课堂上教师的讲授和课本内容的学习完成的,要想真正理解与掌握,还需要理论与实践相结合。在合作企业搭建大学生实践教学平台,可以为大学生提供参观学习、专题实习实践等机会;企业工程技术人员既可以指导大学生进行具体科目实践,也可以指导大学生参与所学专业创新创业比赛,利用掌握的工程基础知识和自身工作经验现身说法,进一步帮助大学生真正理解专业的发展和就业目标,建立创新思维;在校企合作平台上,让大学生参与企业项目的研发过程,切身感受所学知识的重要性和职场环境,促进"产学研用"的成效增

益,进一步激发大学生对所学专业的兴趣,在潜移默化中启发大学生目标导向的学习意识,培养大学生的工程观和工程基础能力。

第四节　社会资源广泛融合的人才培养

一、搭建交流平台,开展交流合作

积极搭建交流平台,为教师提供参加校际合作和学术会议交流等机会,让青年教师在与他人合作、交往的过程中,得到教育能力和工程实践能力的提高;搭建企业技术需求与学校技术供给之间的桥梁,整合创新各种要素的有效资源,为专业教师进行深度合作提供条件,使他们能够参与企业生产、研发和产品推广等各个环节。"产学研用"合作的培养模式,对企业、高校、教师和学生来说都是很好的检视与锻炼机会。企业通过与高校合作,引入高校理论成果,对工厂现有的技术及管理问题进行研究、改进,研发新的生产技术,提高产品附加值,增强企业核心竞争力;学校通过"产学研用"合作,办学模式得到了彻底的改变,增加了与社会的接触,了解了科研成果向生产力转变的内在规律,进而反哺教学改革和办学模式,拓宽学生就业渠道;教师通过参与各种实践、研发活动,掌握了更多行业技术的最新发展动态,便可将理论和实践更好地结合起来,提高科研的针对性和目标性,以及自身的实践能力;学生能够直接获得"真题真做"的成就感,了解社会和企业对人才需求的具体细则,为进入社会、走向职场做了一场很好的推演。

二、推进国际化合作与交流,拓宽创新视野

随着经济全球化,人的交往日渐频繁,国际合作交流方式也更加多样化。既有联合办学,如西交利物浦、宁波诺丁汉、上海纽约和昆山杜克等高校,又有"2+2""3+1"等名目繁多的多种形式跨境学习与交流,办学与交流机制也各不相同。但是,国内高校如何利用国际合作与交流机会,来

提高办学影响力和国际声誉,一直都是需要探讨的问题,如和外国专家局联合设立高等学校学科创新引智基地计划(简称"111 计划"),其目的是瞄准国际学科前沿,加大国际交流与合作力度,跟踪国际学科发展动态,实现人才培养的国际化战略。

要想实现高等教育多学科交叉融合的人才培养,就必须调整与优化课程设置。首先是课程的综合化,设置跨人文与自然科学、人文与社会科学等综合性课程。发达国家的高等教育中普遍采取的就是这种课程设置模式,如哈佛大学的"核心课程"模式改革等。其次是教学的国际化,包括教学语言的多样化,如全英文教学、双语种教学乃至多语种相互通行的课程开发;教学内容的国际化,如设置多种形式的国际性课程,为学生提供国际知识、比较文化和跨文化课程等;人才培养形式的国际化,如国外研修、研习计划和学生交流互换等。最后是教师的国际化,利用"送出去"培养进修、"引进来"海外招聘等形式,提升教师国际合作与交流水平,提高国际背景场合下的学术话语能力,做到"他山之石,可以攻玉";将国际先进办学经验、领先成果和创新思想融入教学、科研活动中,培养一流的创新人才。

第五节 知识与能力评价融合的人才培养

对学生传统的考核方式主要依赖卷面成绩,对实践环节的考核缺少标准和规范,对毕业生的学习和工作业绩缺少跟踪,这些都使综合素养和能力评价体系难以形成闭环;学生能力评价方式单一,人才培养与社会需求不匹配。因此,应该按照新工科专业建设的教学标准,构建理论教学和实践教学相结合的科学合理的评价体系。

一、评价由考试手段向目标导向转变

学习成绩只是学生在一个阶段学习水平的体现,专业学习中的分数表现不能代表其个人综合能力,更不能代表今后个人的成长与发展。在新工科专业建设中,高校要正视教育的本源,总结学生的成长规律,学生毕业目标的达成不在于成绩分数,而在于能否自主学习、解决问题、胜任工作这些关键技能,要将学生发展评价由分数认定的考试工具作用朝目标导向转变,建立过程参照与结果并重的评价体系。

学生成长性评价变革要体现满足培养创新人才需求的根本意图,树立创新的评价理念,以价值理性为牵引,最大限度地面向更广泛的学生群体,不仅要考量学生的专业成绩,还要将学生的基础理论知识掌握情况与实践实训过程、能力表现结合起来进行评价,推动学生发展评价由分数优先到素质能力发展的转型,将涉及学生专业发展的非量化的、定性的、精神层面的判定标准也纳入评价框架中,杜绝以往简单笼统的学生发展评价体系,充分发挥评价对学生成长与发展的作用,更加全面、客观和真实地反映学生在专业学习中的实际表现、发展潜质。

二、评价由单一手段向多维视角转向

培养专业人才适应社会多维能力的关键在于促进其综合发展。要克服单纯从知识层面考查的单一评价手段存在的弊端,引导学生将更多的时间和精力关注在自身的能力建设与提升上;要以众多内容为基础,对现有评价体系进行丰富和完善,积极探索有效的评价方式和方法,实现由知识考查到能力检验的转向,建立"以知识为参照,以能力为标杆"的评价机制;要体现新工科专业建设的综合性和全面性,然后进一步根据人才培养的基本定位,在理论知识考查的基础上,将专业能力确定纳入评价,收集全方位的考查题材,包括学生的专业基础、团队协作精神、社会交往能力、创新思维等,摒弃单点、单线、单面的单一考查内容、形式和方法,从多维度视角来审视学生的发展,建立不同层次、不同尺度的多维度评价体系。

三、评价由静态向动态转化

在新工科建设过程中,建设内容和路径只有不断变化,才能保证与时代发展同频共振。学生发展评价既要能体现专业建设的创新性和开拓性,也要在评价方式上进行改革和创新,主动适应时代发展的变化。改变以往单一的、静态的测验、考查、考试的评价方式,通过多种方式了解、评价学生的专业学习情况,通过让学生在预设的情境中学习成长,如正常实验、生产实习和毕业实习,或是在企业合作项目、创新创业大赛中,真实地考查学生的主观能动性和客观表现,并在活动中完成对学生专业学习表现的动态性评价。

新工科要求培养观念更新、培养目标更新、培养方式更新,建立高效的新工科人才培养新模式,实现教师、学生双向行动,促进高校和企业优质资源的高效配置,以实现培养新时代人才的既定目标。

第六章　基于实践能力结构均衡发展的专业培养模式改革研究

第一节　人才社会需求与专业培养模式调研的结论

一、人才社会需求调研的结论

(一)整体知识结构

1.专业知识

绝大多数用人单位认为,专业技术类知识是最重要的,专业知识对于一个人能否在工作中取得成就具有很大的作用。只有专业知识牢固,本职工作才能做得良好。在如今整体高等教育环境下,高校课程教学并不能完全满足它们的要求。在毕业生工作以后,企业仍然需要花费时间再去培养。既然如此,企业就更愿意选择基本技能过硬、职业素质更高、运用知识能力更强的毕业生。

但不同规模的企业对专业知识的要求存在差异:大型企业对专业要求低,而对通用知识要求高;相反,中小型企业对专业知识要求高。这是因为大型企业规模大,岗位多,经常要换岗轮岗,所以对专业知识要求比通识知识要求低;而中小型企业规模小,岗位基本固定,所以对专业知识要求高。

2.通识知识

通识知识可训练学生进行有效思考,提高学生表达思想、判断和鉴别价值等方面的能力,并以此使学生的情感和理智都得到发展。通识知识对于完善学生的智能结构、提高他们的审美情趣、增强他们的创造性和适应性、促进他们的和谐发展都有着重要意义,这是以往应试教育中没办法体现的。随着中国经济的转型,当代企业在选择求职者时,更加愿意选择富有创造性、能够积极适应环境,懂得促进自身发展,为企业带来活力的人,尤其是大型企业和高层管理者都非常重视大学生的通识知识。

3. 信息技术类知识

随着信息技术的发展,计算机已进入企业的各个部门和环节,信息技术类知识越来越受到重视。在信息化时代,计算机已经涉及工作的方方面面,信息技术知识越来越受到重视,这几乎是毕业生求职时的必备条件。中小型企业和基层管理者也对信息技术类知识更加重视。

4. 外语

越是国际性的大都市,外语知识受到的重视程度就越高。随着国内外企业的交流合作越来越频繁,越来越多的外企选择来国内投资建厂,特别是大型企业和高层管理者更加重视外语知识。

5. 专业相关的法律知识

企业认为,不管是哪一个部门、什么职位,拥有一定的法律知识都是非常有必要的。

(二)学科专业知识结构

1. 基础理论类知识

多数用人单位认为,经管类大学生最应该掌握好基础理论类知识,这一点已达成共识。因为对于经管类大学生来说,基础理论类知识是专业知识的基础,有了扎实的基础理论类知识才能在工作中不断创新。

2. 市场营销类知识

这是由于我国企业众多,市场竞争激烈,我国目前处于买方市场,大部分企业需要提高市场销售能力。中小型企业对所需人才的市场营销类知识要求更高。

3.会计类、国际贸易类和金融投资类知识

从不同的角度分析，位次有所不同。会计类、国际贸易类和金融投资类知识专业性、技术性强，因而受到用人单位的重视。

需要特别指出的是，企业重视专业知识，并不等于重视学习成绩，绝大部分企业在招聘时都不重视学习成绩，而是强调运用知识的能力。大型企业和高层管理者重视基础理论类知识、金融投资类知识；而中小型企业更重视市场营销类、会计类等实用知识。中小型企业对各类知识要求更加均衡，对复合型人才的需求更加明显。

通过用人单位对大学生知识结构的要求可以看出，用人单位需求对通识教育课程平台构建及复合型、应用型人才培养模式提出了迫切要求。基于学生终身发展要求的社会适应能力培养和职业发展能力培养，应放在突出、重要的地位。

（三）能力结构和个性品质

在能力结构中，用人单位对毕业生的分析能力、表达能力、组织能力、创新能力需求占比非常高。提高分析能力，就是要能够分析各种信息，制定正确的决策，这在信息时代是非常重要的。提高表达能力和组织能力，就是要将自己希望传达的想法准确无误地表达出来。然而，当代大学生很少主动培养自己的表达能力，在工作中往往词不达意，无法准确、清晰、有条理地讲述自己的观点。创新能力是经济社会发展所必要的，国家也将科技创新作为一项基本战略，企业为了紧跟步伐，加强自身建设，对人才的创新能力需求也会越来越大。

沟通能力、应变能力、学习能力也是企业非常注重的，不同企业、不同层次的领导者也许侧重有所不同，但是拥有这些能力一定会给工作带来诸多便利。

关于大学生的个性品质，用人单位最看重的前四项分别是学习愿望强烈、能吃苦耐劳、能服从组织安排和专心本职工作。不同企业和不同岗位都将学习愿望强烈放在第一位，这一点没有差别。但大中型企业强调能吃苦耐劳，而小型企业更强调能服从组织安排。高层管理者看重专心

本职工作,而中低层管理者要求能服从组织安排。

敬业精神、果断自信、吃苦精神也是企业看重的就业能力,虽说不同领导者侧重不同,但是,这几种能力对职工的职业发展会起到非常大的推动作用。

用人单位对大学生知识结构和能力结构的多元化要求说明,高校教育不仅要注重专业技能的学习,更要注重相关能力的培养。尽管专业知识学习是高校教育教学的基本内容,但是相较于多样化的社会适应能力和职业发展能力要求,高校教育应该在"解惑"的同时更注重"授业"通道的构筑。高水平高校建设要求高校人才培养模式加强对于学与思的结合、知与行的统一,特别是要做到具体问题具体分析、因材施教。

随着现代科技的不断发展,人们似乎将自然、社会,以及人的精神都抛之脑后,反而认为"学好数理化,走遍天下都不怕",逐渐轻视人的全面素质培养,重理工实用学科,轻人文社会科学等文科专业。只重视理科知识,忽略情感态度和价值观的培养,会导致学生脱离生活实际,磨灭他们的生活情趣。这样的学校教育已不再符合时代的要求及人的全面发展。

许多高校在培养大学生过程中教学内容重理论、轻实践,教学方法单一,不能产学结合,只是一味地将课本知识传授给大学生,忽略了大学生能力的培养,逐渐与社会需求脱轨。而大学生对社会需求关注甚少,以至于不知着手提升企业较为看重的就业能力。因此,各高校应注重对能力结构和个性品质的培养,而不只是强调知识的传授与学习,应更多地了解分析社会需求,适时调整教育方式,以培养出更多有能力、有知识、符合社会需求的优秀毕业生。

二、专业培养模式调研的结论

(一)毕业生对所学能力结构的认可度较高

在高校期间所学的知识对于将来要走向社会的大学生来说都非常重要;学校应该在这方面多多完善本科期间的课程设置和教学内容,要尽可能地应对就业市场的需求和用人单位对大学生的要求,要注重培养毕业生的能力结构。毕业生还应该积极塑造独特的个性品质。

(二)计算机和外语等基本技能对毕业生的知识结构影响最大

学校应针对用人单位的需求,开设更多关于计算机和外语等基本技能方面的课程,切切实实地提高毕业生计算机、外语的实际应用能力,以增强毕业生的就业竞争力。

(三)沟通能力对毕业生的能力结构影响最大

学校应在注重教学的同时加强培养学生的沟通能力,具体可以表现在设置课堂讨论环节、课后和教师的沟通交流上;学习能力也是毕业生认为在平时工作中应具备的比较重要的能力。本科阶段的教学并不只是知识的授予,更多的是学习能力的培养,这种能力在日后的工作中非常重要。

(四)情商水平对毕业生的个性品质影响最大

学校在注重教学水平的同时应兼顾毕业生各方面素质的综合发展,特别是情商水平的提高,多开展一些学习活动促进毕业生个人素质的提高。

(五)基础理论类知识对毕业生学科专业类知识影响最大

学校应多开设与基础理论类相关的课程来增强毕业生的就业竞争力,同时多开设与国际贸易类相关的课程、市场营销类课程、会计类课程等。从此次调查结果来看,毕业生从事的大多是与国际贸易类知识相关的工作。

三、人才社会需求与专业模式的差异

用人单位及毕业生与专业培养模式的差异主要存在以下几个方面。

(一)就知识结构而言,双方对计算机和外语等基本技能认知差异较大

学生认为计算机和外语等基本技能重要程度很高,而用人单位认为此项技能的重要程度并不高,主要是因为许多高校将通过计算机二级考

试、大学英语四级考试作为学生顺利毕业的硬性指标。

（二）就学科专业知识结构而言，差异最为明显的指标为市场营销类知识、金融投资类知识、国际贸易类知识

学生认为市场营销类知识、金融投资类知识、国际贸易类知识更为重要，而用人单位更注重的是理论基础知识，分析认为在用人单位强调实践知识的情况下，毕业生不重视理论知识。

（三）就能力结构而言，学生倾向对学习能力的培养

用人单位更需要创新能力强的人才，造成这种差异的原因主要在于学生习惯在校园环境中被动地学习书本上的知识，而用人单位更希望雇用富有创新力的人才。

（四）就个性品质而言，高校毕业生认为情商水平最为重要

用人单位更看重诚实守信的个性品质，分析来看主要是因为用人单位认为诚实守信是最为基础的个性品质，只有做到诚实守信才能去更好地完善其他品质。

（五）就培养方式而言，通过调查反映出的问题是，高校培养模式以课堂教学为主

课内课外互动实践环节较为薄弱，产学合作依然不足，综合来看，受中国传统教学模式影响，以及校内校外的环境差异，是毕业生与用人单位对社会需求认知存在差异的主要原因。

第二节　能力结构均衡发展的课程体系构建研究

一、能力结构均衡发展的课程体系改革的核心内容

通过本文介绍可以看出，用人单位对大学生能力需求主要体现在个人特质和通用能力方面，对专业能力要求不是很严格。而我国目前的课程体系仍以专业教育为主。虽然在 21 世纪初我国对课程体系提出了"厚

基础、宽口径、多模块"的改革目标,但专业教育仍占课程体系的绝大部分,以通识教育为基础的深厚专业理论和可供广泛迁移的知识平台构筑不够,以终身学习能力和职业转换的适应能力等为重心的应用能力培养,仍面临着十分艰巨的问题。有相当比重的高校在教育教学价值取向、教育教学目标、课程设置、培养过程、教学监控与评价等方面存在种种问题,教育教学内容与社会实际状况差别颇大,学生在"象牙塔"里生活、学习,人才培养规格与社会需求有脱节现象。课程体系改革的核心是要将传统的专业人才教育转变成大学生能力的全面培养,实现通识教育与专业教育的有机结合。在通识课程体系中引入学科交叉,体现文理渗透和工管交叉,设置人文科学、自然科学、技术科学类课程;在专业教育方面,对专业课程进行精简、整合,专业课程按一级学科设置,并设置跨学科课程,打破学科专业的壁垒,增加学生的知识面,构筑可供广泛迁移的知识平台。为突出对专业核心能力的培养,可增加专业选修课程,给学生个性发展的空间和满足未来多元选择的就业需要,以满足人才的个性化发展,增强就业竞争力。设置独立的实践课程、实践环节,增加实践内容和学时比例,这有利于学生对理论知识的掌握和吸收,变被动学习为主动学习,提高学生的实际操作能力和独立思考能力。

二、能力结构均衡发展的课程体系的构成

传统的本科人才培养往往偏重基础知识教育和艰深的理论传授,忽略了学生应用能力和综合素质的培养;而能力结构均衡发展要求高校必须围绕知识、能力、素质三个方面来构造人才培养方案。为此,高校应建立以提高基础理论、基础知识为目标的理论教学体系,以提高基本技能与专业技术为目标的实践教学体系和以提高综合能力与学科拓展为目标的素质培养体系。以既相对独立又内在统一的三大体系作为主体框架,构建较为完整、系统和科学的本科人才培养体系。

(一)理论课程体系

理论课程体系按纵向层次依次构建了公共基础、学科基础、专业课程

和学科拓展课程四个平台,每个平台中不仅含有相应的模块化课程组,而且含有必修和选修(限选、任选)两类课程,它既对培养学生的知识、能力、素质做了严格的课程要求,又为学生提供了较为宽松的、能按照个人兴趣和爱好自由发挥的空间。

1.公共基础平台

公共基础平台含人文社会科学基础课、自然科学基础课、工具基础课,以及必需的公共教育环节。

2.学科基础平台

学科基础平台包含与专业基础理论、专业知识、技能直接联系的本学科和相邻学科的基础课,它是学习专业课的选修课程。该平台的设置为学生提供了较为宽厚的专业基础,有利于学生的专业学习,以适应社会发展需要,它包括与专业相关的相邻学科课程模块、本学科基础和专业主干课程模块。

3.专业课程平台

专业课程平台涵盖专业人才培养目标要求掌握的专业课程和专业知识,以及为加深某专业方向或职业特色的课程组,包括专业限选、任选课、职业证书培训等相关课程。这类课程将直接给学生提供与未来社会生活和职业有密切关系的知识及技能。

4.学科拓展课程平台

学科拓展课程平台主要是为满足学生跨学科学习需要而开设的学科交叉、文理渗透的课程和学科综合性课程。

这四大平台课程的学分分别占总学分的比例建议为:公共基础平台30%～35%,学科基础平台25%～42%,专业课程平台8%～10%,学科拓展平台课程5%。

(二)实践教学体系

现代高校教学不应只是理论教学,而应是由理论教学、实践教学和科学研究"三位一体"构筑的。实践教学不是理论教学的附属品,不是为验证理论而存在的。从培养应用型人才的能力和创新精神来看,实践教学比理论教学更为有效,因此把原来依附理论教学的实验课和各种实践教学单列出来,按学科的性质、特点和培养目标重新进行编排,根据实践教学自身的规律构建一个由浅入深、循序渐进、有层次的实践教学体系,使学生获得较为系统的基本技能和专业技术训练。该体系包括基础训练、技能训练、能力训练三个平台。

1.基础训练平台

基础训练平台由公共实践课程、基础实践课和认识实习等组成。由于学生在中学阶段很少进行系统的实验、实践训练,对实验课的课题缺乏基本了解,也没有正确的学习方法。在这个阶段,教师讲得多,讲得细,并有一定数量的操作演示。目的是使学生能掌握认识研究客观事物的一般方法和熟悉实验的基本方法,能正确使用测试仪器,训练基本测试能力,能写出较规范的实验(科学)报告。这些都是易被专业教师忽略,不被学生重视,却是学生基本科学素养的最基本体现,因此不能忽视。在这个阶段,教师应进行严格、正规的基本方法训练,使学生能尽快入门。

2.技能训练平台

技能训练平台含专业实验、课程设计(实习)、生产实习和专项实践(含职业证书技能训练)等。学生在上一阶段掌握实验基本知识和基本方法之后,就可以在教师的指导下独立进行实验操作,锻炼自己的基本技能,在这个阶段应改变原实验教学讲得过深、透、细、全的做法,提倡教师精讲,学生应多思考,多讨论,多动手,变被动实验为主动参与实验,培养学生的自学能力。

3.能力训练平台

能力训练平台含毕业论文(设计)、毕业实习等。这是高校实践培养的最高阶段,以培养学生分析问题、解决问题能力为主,在教师的启发下,由学生自己设计实验、实践方案,自行确定实验和实践步骤、选择仪器及各种工具,在实际运行中查阅资料,相互讨论,探索和解决实际问题,要让学生学会选题和实验方法(运作方案)的拟定,对实验结果可能出现的意外情况和误差进行预测,并做出规范的论文报告。实践教学内容及层次体系如表 6-1 所示。

表 6-1　实践教学内容及层次体系

内容	第一层次基础训练	第二层次技能训练	第三层次能力训练
实验	计算机训练,语言听说能力训练,基础性的物理、电工电子实验(含验证性、演示性实验)	专业性的操作性、综合性实验	设计性实验
实习实践	军训、公益劳动、体育训练、认知实习、参观性课程实习	生产实习、社会实践、操作性实习、综合性、专题性实习	毕业实习
设计	课程大作业、习题练习	课程设计、计算机应用	毕业设计(论文)
教学目标	巩固课堂教学知识、掌握认识问题和科学研究的基本方法	基本技能的训练和掌握计算机应用能力培养	独立分析、解决问题的能力培养,文字表达能力培养
教学特点	以教师为主	教师辅导,学生为主	学生为主体,教师做启发

(三)素质培养体系

素质培养体系包括学科专业拓展和综合能力训练两个平台。学科专业拓展平台注重文、理、工、经、管、法等学科的相互渗透,学校应开设一些综合性和跨专业学科的课程,并大量设置选修课,突出学生个性培养,使学生在学习本专业知识的同时,能够具备专业以外的人文、社会科学、自然科学的基本知识和基本素养。

综合能力训练平台主要通过形式多样的课余活动来进行:可以通过结合专业特点和科研工作,推进大学生科研活动的实施,培养学生的科学素养;可以通过参加数模、电子、英语及富有专业特点的各类竞赛、大赛,提高学生的专业应用能力和技术开发能力;还可以与学生社团活动相结合,通过组织学生参加科学、技术、文化、艺术、体育等活动,提高学生的社会交往能力、管理工作能力、团队合作精神等。

为了让每个学生在学科专业教育上得到拓展、延伸,在综合能力上得到锻炼、提高,应对素质培养体系中的一些项目与活动如"劳动""创业"等采取学分认证制,将其纳入教学计划中,使之带有一定强制必修的意义,学生只有参加了相应的活动并取得学分才能毕业。这样既推动了学生课外科技活动与课内教学相结合,又规范和加强了课外教育的管理。

第三节　能力结构均衡发展的教学方法改革研究

一、能力结构均衡发展的教学方式方法改革的核心内容

传统的课堂教学以教师为主体,注重知识的传授,但这种教学方式在能力培养上难有建树。教学方式方法改革以学生为主体,通过学生自主、自觉地学习和参与各种活动,以实现能力培养目标,具体可分为三个方面。

一是在理论教学上,积极探索启发式、探究式、讨论式、参与式教学,充分调动学生学习积极性,激励学生自主学习。促进科研与教学互动,及时把科研成果转化为教学内容。支持本科生参与科研活动,早进课题、早进实验室、早进团队,通过参与课题研究,培养学生发现问题、分析问题、解决问题,以及完成任务的能力。

二是开展自主性学习活动。当代大学生个性明显、需求不同,不能采取千篇一律的培养模式。教师应遵循因材施教、分层培养的理念,根据学生的兴趣和爱好,发挥学生的主观能动性,培养学生的责任感、锻炼学生的组织能力,让学生唱主角,开展形式多样的个性化、自主性的学习活动。如大学生创新项目、论文大赛、案例分析大赛、营销大赛、假期社会调查、社会实践等,将学生的"要我学"转变为"我要学"。

三是改革考核方式。传统以分数衡量水平的考核模式很难实现能力培养的目标,能力培养需要探索新的考核方式。教师可采用不同形式来考核学生的学习效果,以培养学生良好的学习方式。探索实施以课堂小组模拟对抗、课堂贡献、模拟操作阶段成绩考核、业务分析报告等多种形式来反映学生灵活运用知识及实际操作的能力。即使是闭卷考试,试题形式也应多采用原理应用、案例分析等试题,在评分时,只设评分原则,不

设标准答案,只要学生分析过程正确,分析结论与原理或案例背景相符,即可得分,有创新点和独特性见解的,还可加分。

二、能力结构均衡发展的教学改革措施研究

(一)增加更多应用能力培养模块

当下的企业管理专业教学已由传统的"主教"转为"主学",即重点已从教师进行传统教授转变成以学生为中心的主动学习与主动挖掘难点。但是还缺少下一步的实施,即学生应学会将理论知识同实践相结合,并将其转化成应用能力,以及将这种能力投入工作中去。这是高校在应用型教学改革中的重点方向,应加大对学生应用能力的培养力度,提供更多同专业相符的实践平台,如举办专业竞赛、训练项目,建立实习基地等方式,将应用理念贯穿教学的全过程。

(二)促进产学研结合,培养学生综合能力

高校培养人才的主要目标是培养学术型科研人才,到了后来高校的任务以教学为主。如今,学界的主流是倡导高校应促进产学研结合,这是进行应用型本科教学改革的重要途径之一,不过目前还未有较完善的方法论体系。提高学生的学术水平的确重要,专业理论知识基础必须打好。但是,又不能只在校内学习课本知识,学生的知识必须拥有"走出去"的途径。高校应该给学生提供理论结合实践的机会,如提供课外实习、课外实践的机会来培养学生的应用能力和实践能力。同时,高校应该提供多种平台,让学生对课本理论进行创新,培养其创新思维与发散性思维。针对企业管理专业,学校应着重强调其管理学的基础理论知识的学习和企业管理经验的实践积累相结合,也可使用"以赛代教"等创新方式鼓励学生参与各项专业比赛,如创新创业大赛、模拟谈判大赛、市场营销大赛、财务审计风险策划大赛等,将参加各项比赛纳入师生的综合测评体系,同学生管理的奖励制度挂钩,使改革将教学、生产及科研三者有机结合,从而更有效地培养学生的综合能力。

(三)完善案例教学与实验教学

目前,针对教学方法,学界有提出诸如案例法和实验法等方法的观点,虽有较多高校尝试过,但大都不够完善。因此,各高校在教学改革中应注重进一步完善案例教学与实验教学。现阶段,实验法已是经济管理专业的重要教学方法之一,这种方法有利于加强对本科生的素质教育,培育学生的创新思维与发散思维,同时可以提高学生操作相关软件的能力,以及将理论知识应用于实践的能力。比起传统的教师在讲台上讲、学生在下面听的模式有着显而易见的优势,主要表现在学生对理论知识的吸收效果和应用于实际能力的培养上,其效果是课堂教学无法相媲美的。案例法可将抽象的管理学知识具象化,让学生在案例中发现问题并解决问题,教师可在课堂教学中模拟工作场合,让学生以职场视角去解决相关问题。因此,教师要加大实验法和案例法在传统课堂教学中的比重,形成完善规范的教学模式,从而能够将其运用到工商企业管理的实际教学工作中,进而培养更多的应用型经济管理人才,最终达到应用型本科教学改革的目的。

综上所述,本科教学应当时刻把握时代的脉搏,与时俱进地进行教学改革,培养应用型人才,追踪社会需求。尤其是要关注诸如工商企业管理这种应用型导向的专业,设计有针对性的教学改革体系,将应用型本科教学改革作为出发点,在现有环境与基础上进行创新,探索新的模式与体系,并对改革方案进行小规模试点,逐步扩大到全面应用。本科教学工作者应当将培养应用型人才的观念注入教学理念中,以培养应用型人才为己任,满足社会的需求。

三、实施能力结构均衡发展的人才培养模式的保障措施

能力结构均衡发展的人才培养模式的构建是一个宏伟的系统工程,要拿出一个全面、系统的方案是很困难的。因此,只有在正确的教育科学思想指导下,在具体的教学实践中进行不断的探索和改革,才能逐步构建出适合高校自身情况、有特色的应用型本科人才培养模式。

(一)实施"大类培养,分级教育,方向分流"的人才培养途径

1.专业(方向)招生

专业(方向)招生可满足考生根据自己的特长、爱好或想法就读自己愿读的专业;可适应家长根据自己的能力,协助子女选择发展方向和就业去向,从而使学校有较好的生源基础。

2.大类培养

按学科大类安排基础课程教学,不仅使学生具有适应今后社会发展变化宽广而厚实的基础知识和基本技能,还有利于教学运行的组织和安排。

3.分级教学

根据学生基础知识和能力差异,适应不同层次学生的学习要求,对同课程进行不同要求的分班教学,以使学生得到充分发展。特别是,以工具性、技能性作为主要培养目标的课程,更应实行分级教学,使技能差的学生能够得到提高,技能较强的学生能够上一个层次。力争做到在相同的学分和学时内,使学校 $20\% \sim 30\%$ 的学生在外语、计算机方面有较强的能力。例如,计算机基础课,也可以实行分级教学;大学英语还可以进一步分成三个或四个层次教学。

4.方向分流

在同一学科知识大背景的前提下,设置与就业方向较一致的专业方向组,让学生根据兴趣、爱好和今后就业方向选择其中一个专业方向,得到进一步专门化培养和训练,以利于面向社会实际,胜任具体行业工作。

(二)课程教学坚持以应用型教育为主,适当兼顾普通本科教育

高校招生生源中来自较高层次的比例逐年增大,基础好、肯钻研、能力强、愿进入更高层次继续深造的学生越来越多。因此,高校有责任为这些学生实现愿望创造条件,在教学中为其搭建适当的平台,满足他们的要求,通过他们的奋斗也能带动其他学生,使学校的良好学风日盛。由于这

批学生落实到各专业,人数就不算多,要专门搭建教学平台是较难实现的,运行起来也很困难,但如果高校在应用型人才培养的具体课程教学过程中适当兼顾普通本科教育的目标和要求,采取课程优秀生培养方式,就可以顺利解决此问题。比如,在专业学位课程(可增减)的教学中,对部分学生(15%～20%)在教学深度、知识广度、教学参考文献阅读、作业要求,乃至考试方面给予辅导,从而就满足了这批学生的愿望和要求,也就尤其需要将考研列入分流培养之中了,今后这批学生若考上研究生,他们不仅会具有与普通高校学生同样的基础理论知识,能胜任今后的学习,还会有较强的应用型人才具备的能力、素质,更能胜任科学研究工作。若考不上研究生,也不影响他们适应社会需求顺利上岗就业,而深厚的理论基础知识能促进他们早日成才,取得较好的业绩。

(三)扩大选修课范围,进一步加强复合型人才培养

增设选修课,为学生提供跨学科选课、辅修、双专业、双证乃至多证等多种教育形式,为复合型人才的培养打下较好基础。但目前社会对复合型人才的要求并不只是对专业学科以外知识的了解和掌握停留在科普、概论的层面,而是需要对其他学科的知识有系统的了解和掌握。目前,对复合型工程技术人员知识结构的要求是,学科专业＋管理＋经济＋法律,且必须具有一定的外语和计算机能力,而目前高校开设的选修课是达不到这种要求的。为此,学校可将各系、专业开出的课程都纳入学生选修课范围,允许学有余力的学生选修,使他们能较系统地学习几门其他专业的基础课程,掌握基本知识(特别是经济类、管理类课程),使复合型人才培养得到更进一步的发展。

(四)加强"双师型"教师队伍建设,提高教师应用型教学能力

一个好的办学思路,一个较为完善的培养方案,一种适应当前经济发展和社会进步需要的培养模式,离不开一支优秀的师资队伍。而建设一支适应应用型人才培养的以"双师型"为主的教师队伍是应用型人才培养的重要保证。因此,尽快制定"双师型"师资队伍建设规划,加大"双师型"教师队伍建设力度是十分必要的。具体而言,高校可以引进既有理论功

底又有丰富实践经验,并掌握最新应用技术的"双师型"人才,还可以安排年轻专职教师参加实验、实践教学,提高理论联系实际和动手的能力,每年安排他们到企事业单位的生产、服务一线进行必要实践,通过参与具体项目工作或开发,进一步加深他们对社会、行业发展变化的了解和提高解决实际问题的能力。

第七章　材料专业人才培养的改革研究

第一节　材料专业的持续改进

工程教育专业认证的顶层设计与实施过程遵循了三个基本理念:以学生为中心,以成果为导向,持续改进。这些理念的提出和具体落实,对于引导和促进专业建设步伐与教学改革效果、进一步提升工程教育的人才培养质量至关重要。持续改进的理念,在整个工程教育专业认证的体系中始终有所体现。参与工程教育专业认证的相关专业,其持续改进的过程及效果,强烈依赖各个学校教学质量管理体系,以及学院或系内教学过程和监督反馈评价制度的具体落实,并且反馈评价体系的完整性与有效性也至关重要。在一定程度上,学生培养过程的质量决定着培养质量,而培养过程的质量取决于质量管理的质量。通过质量管理和持续改进,可以使整个教学过程及反馈评价过程处于受控状态。如确定过程结果是否满足质量目标,使不满足质量目标的结果得到及时纠正和预防。

一、毕业要求达成情况的评价机制

(一)评价原则

(1)毕业要求达成情况的评价包括:课程教学对毕业要求达成情况的评价、毕业生能力达成情况的自我评价、用人单位对毕业要求达成情况的评价。

(2)课程教学对毕业要求达成情况的评价方法是按12项毕业要求,每项毕业要求分解为若干的指标点,每个指标点由若干课程支撑,各支撑课程需确定用于支撑该指标点的考核内容和方式。

　　(3)各支撑课程确定的用于支撑该指标点的考核内容和方式需合理、可衡量。

　　(4)在设置分指标点支撑典型课程的权重时,主要综合考虑课程对指标点支撑的强弱关系,课程内容与毕业要求分指标点内涵的相关度,以及支撑课程的课时数等因素。

　　(5)对每门课程在指标点中的权重进行赋值,每个指标点对应的所有课程权重赋值之和等于1。

　　(6)取该届金属材料工程专业全体学生作为评价对象。

　　(7)经指定的责任教授对每门课程评价方案及其合理性进行确认。

　　(8)课程和毕业要求达成情况必须严格按照考核方式进行。

　　(9)评价责任人和课程责任教授需严格按照本评价办法对课程达成情况进行评价,评价小组需严格按照本评价办法对毕业生毕业要求的达成情况进行评价。

　　(10)评价结果作为持续改进的依据,但不作为教师考核的依据。

(二)评价方案

　　(1)毕业要求达成情况评价机制:首先依据培养目标制定符合本专业学生的毕业要求;其次进一步分解为35个指标点,设置相应的教学环节支撑35个指标点,每个指标点有2~5门主要课程支撑;最后对每门课程根据其对毕业要求的贡献度赋予相应的权重,围绕相应指标点实施教学活动,为各指标点制订详尽的评价计划。评价计划包括选择恰当的评价方法、实施评估并收集评估数据、分析得出评价结果、将评价结果用于持续改进。

　　(2)评价方法:以直接评价为主,间接评价收集的数据作为补充。直接评价方法包括考核成绩分析法和评分表法等评价技术性指标。考核成绩分析法是通过计算某项毕业要求指标点在不同课程中相应试题的平均得分比例,再结合本门课程贡献度权重,计算得出该项毕业要求的达成情况。评分表法主要用于评价非技术性指标,为了评价学生对某一项毕业要求指标点在某一门课程中的达成情况,制定了详细、具体、可衡量的评价指标点,设置了不同的达成情况层级,并对指标点的不同达成情况给出了定性描述。对于某一项毕业要求在某一门课程中的达成情况评价,由指导教师依据评分表,在考量过学生的试卷、实验报告、课程报告、作业等情况后做出,并通过满意程度给出量化分数,计算出该项毕业要求在该门课程中的达成情况评价值。最后,综合该项毕业要求在不同课程中的达成情况评价值和相应课程的支撑权重,计算得出评价结果。间接评价方法采取调查问卷方式,包括应届毕业生、往届毕业生、毕业生就业单位的调查等,获取培养目标和毕业要求的达成情况。

(3)数据来源:直接评价要求每位教师提供相应的合理考核和评价毕业要求达成的数据,首先制定试卷、作业、报告、设计等项目相应的评分标准;其次依据评分标准给出每个学生在该项的得分;最后按每项的考核权重计算出每个学生在该门课程中的综合得分,按班级平均分和该门课程对毕业要求赋予的权重计算最终的达成情况数据。数据采集是课程全体学生的考核结果,如果该课程支撑几个指标点,则需要将考核结果根据课程支撑的指标点分类,再分别采集。数据采集的周期依据专业评估毕业要求达成情况的周期、课程达成毕业要求的评估周期进行。在数据采集过程中,如果发现评价方法有不合理之处,则应及时调整或补充采用其他的评价方法采集数据,教师在采集数据的过程中应根据反馈情况及时进行持续改进。

间接评价采取问卷调查形式,通过受访单位及毕业生对毕业要求核心能力重要性的认同程度,以及毕业生的表现逐项按级打分,评价毕业要求的达成情况。

(4)评价机构:本专业成立专业毕业要求达成情况评价工作小组,成员由系主任、系副主任等专业负责人及骨干教师组成。专业教师依据毕业要求拆分的各项指标点、课程的教学目标、达成途径、评价依据及评价方式,通过采用直接评价与间接评价方法采集数据,进行达成情况评价,依据评价结果提出持续改进思路。专业教学质量评估小组对评价数据进行审核及分析,并对毕业要求达成情况进行评价,确定达成情况并形成专业持续改进的意见,经学院教学指导委员会讨论,最终确定持续改进总体措施。

（5）评价周期:达成情况评价以两个学年为周期,即在每个教学活动结束后进行,以连续统计的两个学年的数据为依据。

（6）结果反馈:对于每个毕业要求指标点,计算支撑该指标点的主要课程的评价结果,求和得出该指标点达成情况评价结果;与专业"毕业要求的评价方法"规定的合格标准相比较,明确该项毕业要求评价结果是否"达成"并给出结论。对毕业要求中的每项达成情况进行全面评价,形成《毕业要求达成情况评价表》。同时,本专业建立持续改进机制,在毕业要求达成情况评价过程中,不断地把评价结果反馈给课程或相应教学环节负责人、专业负责人,并持续改进。学院教学指导委员会每年定期召集教学工作例会,对学院各项有关建议改进的问题进行讨论,讨论教学质量,由评估小组形成分析结论,给出最终结果,并将结果通知相关教师。

（7）在开展课程达成情况评价前,由学院教学指导委员会对该门课程评价依据(主要是对学生的考核结果,包括试卷、大作业、报告、设计等)的合理性进行确认:考核内容完整体现了对相应毕业要求指标点的考核(试题难度、分值、覆盖面等),考核的形式合理,结果判定严格。采用试卷或报告作为达成情况评价依据,判定结果为"合理"。

（8）评价责任人在课程结束后需填写《课程毕业要求达成情况评价表》和《毕业要求达成情况评价表》。

（9）毕业要求达成情况评价工作小组在学生毕业后,根据所有教学环节的达成情况评价结果,对毕业生整体毕业要求达成情况进行评价。

二、毕业生跟踪反馈机制及社会评价机制

本专业所在的材料科学与工程学院已有一套完整的毕业生跟踪反馈机制及社会评价机制,具体如下。

（一）毕业生跟踪反馈机制

1.应届毕业生座谈

本专业每年组织应届毕业生代表座谈会,了解学生对专业毕业要求、课程设置、教学组织、教学过程的评价及自身的职业规划等与金属材料工

程专业培养目标的一致性情况,听取应届毕业生对金属材料工程专业人才培养方案的看法和建议。

2.往届毕业生问卷及网络调查

学院对本专业毕业五年及以上的学生通过座谈会、问卷及网络调查等形式加强联系,了解毕业生的工作情况,听取往届毕业生对金属材料工程专业大学教育教学质量的意见和建议。问卷涉及毕业生在校期间所学知识或锻炼的能力对现在工作的帮助、所学专业办学指导思想是否明确、专业培养计划及课程体系设置是否合理、对毕业要求的认同程度、毕业要求达成的自我评价、对母校和专业今后发展建议等方面的内容。

(二)社会评价机制

1.召开校友座谈会

学院充分利用校友聚会、校友招聘等机会,邀请就业于不同行业的金属材料工程专业毕业生返校参加座谈会。座谈会主要包括调查问卷和互动交流两项。在座谈会上,毕业生可积极发言,讲问题、谈思路,帮助学校提高专业教学水平,并就专业办学指导思想、专业培养计划、课程体系设置、教学内容更新等提出一些建设性的意见和建议。

2.用人单位调查

学院采用组织座谈会、走访用人单位和问卷调查形式了解用人单位的需求、本专业毕业生的工作情况、用人单位对本专业毕业要求的认同程度,以及对本专业毕业生在毕业要求达成的评价情况等,以此对本专业教学质量进行评价。尤其注重毕业生在实际工作中表现不够好或欠缺的地方,在后续培养过程中改进。

根据毕业生跟踪反馈结果和社会评价反馈结果,对培养目标合理性、培养目标实现情况、培养目标能否适应社会需求进行定期评价。

三、评价结果用于持续改进

(一)评价结果用于持续改进的过程

本专业培养目标的形成是从工程教育认证理念出发,基于学院教学指导委员会、学院教学督导组、参与教学管理和实施的教师(系领导、任课教师)、企业专家,以及毕业生等的教学及管理相关反馈信息,在充分研讨的基础上确定的。然后,基于本专业的培养目标,形成符合工程教育认证的毕业要求,将各个专业要求指标点分解到课程中,制定培养方案及教学大纲,并坚持在教学、管理、保障、服务等各环节贯彻"成果导向,持续改进"的理念,保障毕业生达到工程认证的毕业要求。

具体评价方式采用问卷调查、走访、座谈、检查、听课、网上评教等多种形式,对培养目标、毕业生能力、毕业要求达成情况、主要教学环节的教学质量等方面进行全面评价,并将存在的问题按照制度规定通过各种渠道及时反馈给教学副院长和教学指导委员会。

在此基础上,教学指导委员会根据具体情况分类整理相关方面的意见和建议;教学副院长会同有关专家,通过个别交流、座谈会等合适的方式,督促指导专业负责人和任课教师针对存在的问题提出持续改进措施,并切实负责落实到相关教学工作中,从而不断提高教学质量,促进毕业要求的顺利达成,实现培养目标。具体工作方式如表7-1所示。

表7-1 评价结果用于持续改进的方式

评价主体	数据来源与收集办法	评价内容	评价周期	评价结果形式	执行改进	执行监督	改进措施
领导干部	随机听课	课程授课、实验教学	每学期	学院(系)领导听课记录表	教师	教学副院长	针对反映问题,副院长与教师进行有针对性的谈话。及时整改问题,以老带新,提高授课水平
学生	学生评教	课程教学质量	每学期	学生评教结果(课堂教学)	教师	教学副院长	督导专家组每学期针对问题以座谈会集中反馈,并督促改进

评价主体	数据来源与收集办法	评价内容	评价周期	评价结果形式	执行改进	执行监督	改进措施
校教学督导组	督导检查、评价	主要教学环节	每学期	督导听课记录表	教师	教学副院长、督导、系主任	针对某项毕业要求达成度,监督相关任课教师持续改进,提高课程质量
应届毕业生	问卷、座谈会	毕业要求、教学计划及主要教学环节	每学年	应届毕业生座谈记录、调查问卷	系主任	教学副院长、院教学指导委员会	针对某项毕业达成度稍弱,监督相关任课教师持续改进,提高课程质量
往届毕业生	问卷、走访、第三方评价机构	职业发展情况	每学年	往届毕业生调查问卷、校友访谈记录	专业负责人、系主任	教学副院长、院教学指导委员会	针对毕业生某方面能力不足,修订培养目标和课程体系
用人单位	问卷、走访	毕业生能力	每学年	用人单位调查问卷、用人单位访谈记录	专业负责人、系主任	教学副院长、院教学指导委员会	针对存在问题,邀请企业专家参与培养目标的修订,适应行业发展对人才的需求

(二)评价结果用于持续改进的具体实施

大学金属材料工程专业要想吸引优秀生源,学校及其相关学院系都应有制度化的学生指导机制,有明确的规章制度对学生进行管理。培养目标学校定位与社会需求、培养目标制定与修订有固有的程序,基本建立了达成情况评价机制。毕业要求能够覆盖认证标准对毕业生的要求,且得到课程体系及其他教学活动的支持。教学计划是通过充分讨论而确定的,有企业人员参与指导。教师的数量和结构合理,教师实际教学投入情况良好,重视对年轻教师的培养。有较好的实践平台,教学和实习条件能满足培养目标要求。

目前,高校存在的问题和不足主要包括:①在毕业论文环节企业参与度不够;②学生的国际化视野不够开阔,学生实习效果考核标准的支撑信息不够充分;③外部评价机制有待完善,毕业生的跟踪反馈未形成长效机制;④教学过程质量监控机制有待加强,应进一步完善教学过程质量监控的内部评价机制。

针对以上问题,高校应结合本专业自身发展的特点,完善持续改进机制,健全将评价结果应用于持续改进过程的直接作用机制;充分利用由毕业生跟踪反馈机制和社会评价机制构成的外部评价机制,金属材料工程专业通过校内和校外两个闭环监控教学过程的实施,专业通过校内教学过程质量管理、监控与评价,以及校外对专业培养目标、毕业要求等方面的评估评价,建立了金属材料工程专业持续改进的机制。结合学生座谈会意见、教师反馈意见、学生评教意见、督导专家意见、往届毕业生调查意见、用人单位及第三方对毕业生的反馈评价结果,学院教学指导委员会协助专业教学质量评估小组和授课教师,针对评价内容进行总结归纳,实现对教学过程的持续改进。

针对现场专家提出的问题和不足,近三年来,本专业及本专业所在的材料科学与工程学院,由分管教学的副院长牵头,针对专家提出的具体问题逐一制定改进方案,并督促本专业负责人、专业教师及学生辅导员具体落实并持续改进。评价结果用于持续改进的具体实施主要体现在以下五个方面。

(1)学习领会专业认证新标准,包括《工程教育专业认证通用标准》和《工程教育专业认证工作指南(2018版)》,建立完善培养目标、毕业要求和教学环节的持续改进机制,积极主动向全系教师、本专业学生宣传解读工程教育专业认证理念,重点建立毕业要求达成情况及课程评价方法和制度,实现了对毕业要求达成情况和课程的科学、量化评价,制定完成了《合肥工业大学金属材料工程专业毕业要求达成度及课程评价办法》;在教学计划修订的过程中,严格遵循工程教育专业认证理念,对课程体系、毕业要求及培养目标进行了逐条细化,并充分参考了行业及企业专家提出的宝贵意见,修订后的本专业教学计划较好地体现了"成果导向,学生为本"的工程教育认证核心理念。为达成本专业培养目标和毕业要求,适应社会与用人单位对金属材料工程专业毕业生在知识、能力和素质等方面的需求,按照学校的统一安排,本专业一般每2~4年制定(修改)一次专业培养方案,并根据《工程教育专业认证通用标准》和材料类专业补允标准,重点对本专业的课程体系进行了调整和修订。

(2)针对"在毕业论文环节企业参与度不够"的问题,充分调动和发挥本专业授课教师及学院校友的主动性,联系与本专业直接相关的企业,通过科研合作课题的形式,保证本科生毕业论文相关实验及测试过程全部或部分在企业内完成,并形成可靠数据以支撑毕业论文的研究体系及文档的撰写;企业相关工作人员尤其是企业内的高级工程师等也可积极参与指导本科生毕业论文过程的相关实验,可以结合他们在工程实践与设计方面的经验,参与专业人才培养方案的制定,协助指导毕业论文、生产实习、毕业实习等教学工作,部分企业人员可直接作为毕业论文的合作导师,未作为合作导师的相关人员,在毕业论文的致谢部分可给予必要的说明和感谢。

(3)针对"学生的国际化视野不够开阔"的问题,首先,本专业改进《专业导论》(双语)的名称为 Engineering Materials(双语),并进一步优化授课内容,通过引入国际著名高校相关专业的授课教材及内容,给予学生足够深入的讲解,在课堂讲授过程中引入国际学术前沿最新发表的与金属材料工程专业直接相关的高水平学术论文,并有针对性地讲解学术论文的主题思想及运用到的专业基础知识,启发学生思考本专业在未来工程应用及研究领域可能取得的突破和成就,激发学生对于本专业学习的兴趣和积极性。其次,除了课堂教学过程,积极拓展学生包括本专业相关的学术报告在内的第二课堂,制定了材料科学与工程学院关于听取学术报告认定创新学分的相关规定,并大幅增加了国际学术报告场次,保证了本专业学生参加相关学术报告和交流的次数。通过邀请美国、德国、澳大利亚、日本等世界知名大学的教授来本学院、本专业合作交流,为本科生做既具有一定专业深度,又覆盖专业基础知识的学术报告,丰富了学生课堂学习的内容,进一步促进了学生国际化视野的形成和拓展。最后,提高了对本科毕业论文(设计)环节中的英文文献查阅及翻译的要求,进一步培养了毕业生对于本专业最新国际、国内学术前沿及工程应用进展把握的能力。

(4)针对"学生实习效果考核"等问题,本专业改进原有的实习效果考核模式,在原有实习报告、实习记录、实习考勤、实习考试基础上,针对实习过程所涉及的与本专业直接相关的专业基础知识,加强了实习报告、实习考试环节质量管理,提升了其权重,促使学生通过参加企业实习,进一步掌握企业在实际生产过程中的相关知识;进一步讨论,并明确规定了实习报告、实习记录、实习考勤及实习考试作为实习环节综合考核的四个方面内容,合理设置、固化了实习报告、实习记录、实习考勤及实习考试四个科目相应的权重比例,提高实习考核的科学性和准确性,强化对专业基础知识的系统性及面向实际生产过程中的技术难题的把握,全面提升学生工程实训、生产实习、毕业实习的综合效果。

(5)针对外部评价机制和教学过程质量监控机制中存在的问题,学院层面及本专业负责人通过加强与毕业生及用人单位的联系和沟通,进一步加强外部评价机制建设,了解用人单位对学生培养的评价和毕业生的自我评价,明确了本专业在课程设置、实验设置、平台建设等方面存在的不足,反馈并调整教学计划;通过加强领导听课制度、同行听课制度及学生评课制度,掌握本专业授课教师的授课特点,并给出具有针对性的改进措施,实现对教学过程质量的监控和优化,综合提升教师授课质量和学生的学习效果。

第二节　人才培养的改革探索

一、金属材料工程专业递进式实践教学设计与探索

各高校的金属材料工程专业应从工程教育专业认证、新工科建设以

及"双一流"学科建设背景下人才培养等主题出发,积极进行教学改革探索。随着"双一流"学科建设的发展,高校对于本科专业学生的培养模式提出了新要求,人才培养更加注重专业化,培养的学生不仅要具有扎实的专业基础知识,还要具有良好的综合实践能力和创新能力。除了专业理论知识的学习,实验室、实践基地、生产实践等实践教学方式具有直观性、实践性和探索性等特点,不仅有助于学生对所学专业知识有更加深刻和立体化的认知,还有助于培养学生实事求是的科学态度和不断钻研的进取精神,在学生创新实践能力培养方面起着不可或缺的作用。

金属材料工程专业是传统材料类专业的典型代表,全国有 88 所院校开设了这一专业。在目前的专业实践教学中,存在实验室教学内容单一陈旧,单纯进行重复性和验证性的实验,难以开展多样性与综合性的实验;生产实践教学学生停留在参观学习上,同时指导教师大多自身生产实践经验不足,难以有效指导学生,导致生产实习流于形式,学生走马观花只达到了认知实习的效果;实践教学从低年级到高年级衔接度不够,安排不合理,各个实验之间的关联性不足,削弱了学生循序渐进地思考和发现问题的能力,低年级开设基础实训课程,高年级开设专业实验课程和生产认识、实践实习,从基础到专业的实践课程开设没有循序渐进地引导学生对专业的认知和了解,很多学生在大二学习结束时仍没有厘清专业特色和研究对象;同时理论和实践教学的关联性不高,理论与实践相脱节,实验室得到的实验结果与实际工程应用中材料的性能之间缺乏紧密联系;学生的专业学习目标不够清晰,低年级学生对专业认知清晰度不够,难以对所学专业具有强烈的学习兴趣,高年级学生专业实践能力较弱,创造能力欠缺,学生毕业后无法迅速适应并融入工作等问题。因此,实践和创新能力的培养逐渐成为专业教学与完善的趋势。

创造力是一种能力,具体表现在创新性思维上。根据华莱士提出的创造性思维的"准备期—酝酿期—明朗期—验证期"四个阶段论可知,人的思维首先是无意识引入,在掌握大量知识和信息的基础上,开始有意识地明确问题;其次在积累了一定经验的基础上,会对问题和资料进行深入探索与思考,并进入潜意识的过程,潜意识思维更擅长信息整合和联结,具有发散性和联系性,从而有利于产生更多原创的新颖想法;最后进入显意识阶段,完成创造过程。本节将根据华莱士创造性思维四个阶段的规律来探讨和完善金属材料工程专业实践教学模式,进而培养和提高学生的专业创造力。

(一)递进式金属材料工程专业实践教学的设计与思考

在创造性思维的四个阶段中,准备期是在明确目的和问题特征的基础上,积累相关的知识经验和掌握必要的创造技能,为发展创造性思维广博的知识和技能奠定基础;酝酿期是在积累了一定知识经验的基础上,对问题深入分析和探索,有时会思路受阻导致问题搁置,但从事其他活动会对问题进行潜意识思考,对经验进行再加工,进而受到启发,使问题获得创造性的解决;明朗期是在历经对问题周密的长时间思考之后,触发而产生新思想、新观念,使问题迎刃而解;验证期是对明朗期提出的新思想、新观念进行验证、补充和修正,使之趋于完善。

金属材料工程专业中的大部分学生认为,金属材料工程专业重点在于培养传统的技术人才,学生对于所学专业的重要性了解不充分,导致专业学习兴趣较低,入学后不能明确专业定位、特色和发展方向,充满迷茫和困惑。结合创造性思维第一阶段的特点,在金属材料工程专业低年级学生的教学过程中,需要全面、系统地提升学生的专业认知,了解专业特色,明确专业研究问题和对象,尤其是金属材料在大国重器建设中起到的关键作用。目前,低年级的教学仍以基础理论教学为主,学生的认知大多只停留在书本上,没有宏观和立体的专业学习目标感。教学可以通过系统设计的专业导论、本科生导师制等予以学生学术入门指导、专业问题解答;通过班主任制对学业发展予以监督和指导、交流分享及未来引领,解决工科学生在大学学习中的角色转变、学习方法调整等问题;发挥朋辈力量,明确优秀学长、学姐对于低年级学生成长成才的帮扶和引航。同时,教师要充分发挥基础实践课程对专业人才培养的作用,与基础课开设单位商定和协调有利于专业能力培养的教学方案的设计与知识点的穿插,让学生在基础课实践学习时能清晰地了解金属材料工程专业在基础制造和生产中的重要性,增强学生的专业自信。如《工程训练》中的基础实践课针对金属材料工程专业学生的学习,增加热加工的学时安排,通过设置通用材料及其应用的展示、加工等过程,阐述金属材料的关键要素等知识点提高学生的专业认知能力。调整《认知实习》到低年级的学习阶段,同时指导教师做好专业问题的梳理和引导,让学生有计划、有目的地参观了解社会、学校和相关企业,获得对材料领域的生产生活更直观的认识,引导其对专业的思考和学习。

在学生具备一定基础、明确专业学习目标、适应大学的学习后,以问题为导向,通过第一课堂和第二课堂的有机结合完善实践教学设计。第一课堂以实验教学为抓手,培养以基本操作技能为主的普适性教育,同时可以将专业相关的最新科研成果引入课堂教学内容中,使抽象难懂、枯燥的理论教学转变为生动具体的理论与实践高度融合的以工程实践案例为引领的案例式教学;第二课堂以学科竞赛、大学生创新项目为抓手,进行培养学生解决问题能力的提升教育,如材料学科基础知识竞赛、全国大学生金相技能大赛、材料热处理创新创业赛等。同时,可以依托学校分析测试中心等公共平台增设材料分析和测试等研究方法的实践课程,依托图书馆提高学生文献资料搜集、科研报告撰写的能力;通过聘用校外导师、产业专家、企业和院所高级技术与管理人员到学院做讲座和交流等进课堂、做报告等方式,分享工程学科前沿、材料工程工艺技术和方法,通过从多维度、多角度、多层次获取丰富资源和拓宽专业学习面,使金属材料工程专业学者的思维在酝酿期能得到充分的孕育和启发。

专业能力培养的最终目的是要培养学生解决实际问题的能力,使创新能力在明朗期得到巩固和提升,对于高年级的学生来讲,是尤为重要和关键的。毕业实习尤为重要,学生在掌握了专业知识后,需要通过毕业实习透彻深入地了解,结合理论知识解决实践问题,使学生进一步巩固在校学习的理论知识,熟悉并初步掌握生产实践技能,加强工业化生产观点。实习基地的选择至关重要,大部分企业出于经济效益的考虑,会简化学生生产实习,学生只能进行参观实习,部分实习企业的生产设备、工艺过于陈旧,难以展现出本行业的先进水平,上述因素导致毕业实习目标的实现度有所折扣。因此,在毕业实习过程中,学校可以与本行业的大型企业建立人才培养基地,将统一的毕业实习调整为分散式实习,根据学生兴趣,在固定的毕业实习基地深入了解产品制备工艺、材料选择依据;通过产学研融合,建立长期稳定、全面的实习实践教学合作关系。通过产学研合作基地使学生了解企业管理体系,熟悉与金属材料相关的技术标准、知识产权、相关政策和规范;通过金相检验、形貌观察、强度测试、冲击实验、疲劳测试、无损检测、射线检测等30多种材料的检测和分析,训练学生解决实际生产生活问题的能力。

通过准备期的知识积累、酝酿期的意识拓宽,学生不仅加深了课程理论知识的理解,掌握了材料分析测试方法,学会了文献检索、文献阅读和总结、报告撰写等技能,而且学生的自学能力,分析问题、解决实践问题的能力会相应地得到提高,明朗期和验证期学生的能动性会明显增强。以毕业论文为抓手,因时,因地因需来设定专业相关的论文题目或研究方向,提倡导师以科研案例或企业需求为引导,通过研讨共同确定研究方向,建立校内校外双向指导机制,鼓励学生自主发现和提炼研究命题等。同时,完善相关硬件条件,打通校内外合作基地的共享,以创新创业的教学科研氛围为牵引,以问题驱动为动力,激发学生全身心投入毕业论文课题研究的积极性。

(二)完善以综合创新能力培养为导向的教学体系

首先改变以教师为中心,教师在课堂上"填鸭式教学"的方式。通过引用线上优质教学资源、多媒体信息化的教学手段,问题和案例启发,动员学生课前查阅相关文献和书籍、观看慕课视频等方式学习课程内容,课上以解决问题为目标,设定小组讨论环节,鼓励学生参与课堂教学,增加课堂互动机会,通过相互协作共同解决问题,形成"以学生为中心"的个性化课堂,从而激发和培养学生学习的主观能动性。

制定鼓励或奖励措施,鼓励本专业教师到企业生产一线参加实践、培训或者入站企业博士后,让他们了解金属材料生产过程中出现的实际问题及解决方法,提高专业教师的实际问题解决能力和专业应用能力,使之成为"双师型"教师,或寻求校外导师、产业专家、企业有相关背景的技术人员,共同参与人才培养。

深度"产教融合",与学校相关的基础单位、社会和企业共建专业实践平台、科研实践平台,多方位、多层次地支持学生专业学习、科学研究、学科竞赛,以及创新创业实践活动。

通过多渠道的评价主体、多方面的评价内容与多种评价方式,建立科学的评价指标体系,发挥评价的导向、激励、调控与改进功能。具体可将过程性评价和终结性评价相结合,评教分离、多元化考核;将创新成果和实践活动作为过程性评价的一部分;推动创新研究和科技竞赛全学生覆盖,将科研论文和创新作品、竞赛作品的外部评价引入学生的能力评价体系。

"双一流"学科建设已成为我国高等教育专业改革的新风向标,对于增强高校专业竞争力、提高学生专业技能、促进学生进入国际就业市场具有重要意义。本节通过华莱士的创造性思维四个阶段的发展规律和特点,结合目前存在的主要问题,通过明确专业目标、积累专业知识、拓宽专业维度、激发专业思考、强化专业能力、提高社会适应性等进行了金属材料工程专业实践课程的改革与探索,为提高学生的专业实践能力和创新能力,以及工程教育专业认证的改革提供了一定参考。

二、慕课模式及理念下金属材料工程专业教学改革探索

(一)国内外慕课的发展现状

慕课作为一种以学生(学习者)为中心的在线教学模式,源于发展多年的网络远程教育和视频课程。2001年,美国麻省理工学院最早将其课程视频免费放至网络公开平台,掀起了第一次在线课程建设的热潮。2001—2011年,麻省理工学院共计发布了约2000门在线课程,访问量超过1亿人次。2012年,由斯坦福大学Andrew Ng和Daphne Koller教授创建的Coursera在线免费课程则成为一个新的弄潮者,上线4个月和12个月后用户先后突破100万人和234万人。在慕课风暴的强势冲击下,美国诸多知名院校纷纷加入合作共建在线免费课程,如斯坦福大学、普林斯顿大学和宾夕法尼亚大学等。2012年,美国哈佛大学与麻省理工学院共同成立了EDX在线学习平台,首批课程在线学习人数超过37人。自

2012 年美国顶尖大学首次推出后,旋即席卷全球,因此 2012 年被称为"慕课元年"。慕课在教育全球化和信息多元化的背景下开启了一种全新的教育教学模式,尤其是在高校教育教学过程中发挥了巨大的作用。

我国自 2013 年开始建立慕课共享联盟,经过这几年的快速发展,如今慕课在高校教育体系中已占据举足轻重的地位。强化以学生为中心的在线教学模式,可以提高学生学习的主动性,辅以在线课程作业和课后作业,以进一步增强学习效果。慕课模式不同于以往的远程教育、视频网络公开课或在线学习软件,它打破了原先单向的视频授课形式,不仅免费将世界名校教师的视频授课呈现在学生面前,而且能够将整个学习进程、学习体验、师生互动等环节通过网络平台完整、系统、全天候地展现给授课人员;学生不仅可以自由选择感兴趣的课程,还可以自主决定学习的时间和进度。通过在线交流讨论、随堂测验、相互批改、自我管理学习进度等形式,慕课模式带给了学生全新的学习体验,凭借其优质价廉、便捷开放、充分自主、聚类分享、互动互促等独特优势,吸引了大量中国学生的关注和参与。

(二)慕课在我国的发展趋势

虽然慕课的发展势头非常迅猛,在国外也已经取得了良好的成绩,但现阶段在我国仍处于酝酿与课程准备阶段。国内外慕课发展和运行状况差距仍然较大,其主要原因有三个方面:一是高校和相关机构在慕课制作与管理过程中提供的支持难以满足需求;二是大部分教师并未深刻意识到慕课的发展是大势所趋,目前仍停留在线下教学模式;三是学生并未养成慕课模式中的在线互动习惯。因此,慕课在我国只是实现了课程在线共享,距离慕课的规模化、开发、在线互动等本质要求的实现仍有非常大的差距。

另外,由于商业模式、教育模式和语言环境的不同,国外慕课的发展模式不适合在我国发展,慕课在我国的发展需要寻找一条自己的路线。首先,我国需要根据学科特点加速建立本土的慕课平台;其次,注重兼容并包的特点,结合我国传统教育教学方式与慕课模式的优势,在一定的过渡时期内发展混合式教学,进一步拓展翻转课堂与对分课堂在慕课中的应用,兼顾大学教育与在线课程教育的优势;最后,建立慕课平台合作联盟,平台各自凸显并强化其优势,同时避免慕课课程的重复建设,造成资源浪费。

慕课模式并非一成不变,在不同学科的建设过程中也将出现差异化,针对不同的专业特点,差异化将得到进一步凸显。下面以合肥工业大学金属材料工程专业为考察对象,探索在慕课背景下对金属材料工程专业改革的一些思考。

(三)慕课背景下金属材料工程专业改革的探索

金属材料工程是普通高等学校的一门本科专业,其主要目标是培养适应社会、经济、科技发展需要,德智体美劳全面发展,具有社会责任感、良好职业道德、综合素质和创新精神,国际视野开阔,具备金属材料工程专业的基础知识和专业知识,能在材料、机械、汽车、航空航天、冶金、化工、能源等相关行业,特别是在高性能金属材料、复合材料、材料表面工程等领域从事新材料及产品与技术研发、工程设计、生产与经营管理等工作的科学研究和工程技术并重型高级专门人才。该专业的研究对象和领域极其广泛,金属材料在国民经济中的市场占比超过 80%,对金属材料成分—组织—结构—性能等关系的理解对于该专业的学习和理解至关重要。金属材料工程是一门实践性极强的专业,在教学活动中,既要关注理论知识的学习与思索,又要注重实践环节的训练。采用慕课的教学模式进行金属材料工程专业课程的讲解,可以从课程的教学设计、教学方式及效果评价等几个方面探讨金属材料工程专业的教研改革。

在课程教学设计方面,教师应当针对不同课程的特点,结合慕课的优势开展教学设计。"材料科学基础"作为金属材料工程专业的专业基础课,起到了承上启下的作用,在教学设计方面极具代表性。"材料科学基础"的知识内容面广,既涉及理论知识又涉及实际应用,且有很多知识点理解难度比较大,如晶体的空间点群、晶体中的位错等概念。针对课程中的教学难点,仅通过教师在课堂上的短暂讲解难以使学生轻松掌握,而借助慕课的教学理念,再结合雨课堂智慧教学工具,就可以在课前向学生推送预习资料,对于晦涩难懂的内容推送本团队或者国内知名高校录制的慕课视频进行预习,使学生对重难点内容做到心中有数,让学生在上课之前自主学习并完成相关习题,对难以理解的概念做到初步了解;改变传统课堂纯粹知识灌输的教学方式,进而利用课堂时间对学生难以理解、难以掌握的内容进行探讨,激发学生对未知知识探索的求知欲;最终通过雨课堂推送有针对性的课后习题,对难点内容进行巩固。在教学设计过程中,教师需要思索如何引出案例,从而引导学生对问题进行深入探讨,继而对视频中的学习内容进行升华,加深学生对其的理解程度。

在课程教学方式方面,慕课具有天然的优势,无须在固定的时间和地点进行授课,只要有网络,学生便可根据自己的时间安排进行自主学习,从而可以发挥学生学习的主观能动性,变被动学习为主动学习。同时,借助慕课进行教学,其视频时长一般在 10～15 分钟,相较于 45～50 分钟的纯课堂教学,更加适合大脑的认知规律,从而可以加速记忆学习内容。在"材料科学基础"的慕课视频中,以专题的形式对重难点知识点,如空间点群、空间点阵、位错、有效分配系数等概念进行重点讲解,通过课前预习—课堂详解—课后巩固等手段加以掌握。在慕课理念下,将传统的教师"主动教"改变为学生的"主动学",将教学模式由过去的以"教师为中心"改为以"学生为中心",通过教师与学生的互动,一方面能增强学生学习的浓郁兴趣,另一方面能进一步加深教师对于知识点的理解。利用现代教育教学手段,构建多元化的教学方式,双向促进教师与学生对于知识点的理解、掌握和应用。

运用慕课进行"材料科学基础"的授课,最终还需要一套完善的课程评价体系以反映教学改革的效果。通过对教学设计和教学方式的改革,大幅缩减课堂灌输式教学时间,增加课堂教师与学生的互动时间,让学生由被动接受知识变为主动思考难题,达到教与学的良性循环。考核方式采用期末考试、期中考试、课堂互动、线上测试、课后作业等形式,并采用多元化评价方式,建立以提升学生学习能力、解决问题能力为导向的综合评价机制。

三、深化校企合作,助推金属材料工程专业人才培养

现阶段,我国经济正处于转型升级的关键时期,转型升级的重点是利

用现代技术改造传统产业,发展高新技术产业,发挥科学技术在经济发展中的重要作用,提高经济的可持续发展能力。在这一时期,为了开发与利用先进技术、工艺和装备,迫切需要数量充足、结构合理的技能型人才,特别是以高技能型人才做支撑,这也为校企合作提供了广阔空间。作为以工科为主的高校,校企合作对于人才培养起到了至关重要的作用,然而校企合作过程中也存在一些问题,如校企合作缺乏有效的制度约束,人事调整有可能导致校企合作中断;高校研究与企业生产之间的差距较大,难以弥补高校人才培养目标与企业生产目标之间的缺陷等。经过多年的探索,金属材料工程专业从人才培养与企业生产的角度出发,建立了一套校企合作的良性工作机制与方式。

(一)建立校企研究平台,强化校企人才培养良性互动

金属材料工程专业涉及材料表面工程、材料热处理、高性能金属材料、材料腐蚀与防护、材料力学性能与物理性能等诸多研究领域,研究内容量大面广;同时,与相关合作企业能够存在较大的共同利益点,通过发掘企业的真实需求与专业人才培养之间的共性问题,探索出企业与专业人才培养之间的短期合作(利益)点和长期合作(利益)点,在长期合作点的基础上建立校企研究平台,通过人才培养与输送帮助企业提供技术人才,同时增强高校人才培养的实训效果,提高人才培养质量,强化校企合作的良性互动,促进校企双方的深度合作。近年来,有位金属材料工程教师与某磁性材料、磁器件的生产、销售、技术开发的公司共建了磁体表面防护与宽频带吸波材料研究平台。一方面,为了实现高性能吸波材料及其产品的迭代,需要建立研发团队和研发平台,长期进行吸波材料的研发,以及工艺改性,并通过与金属材料工作专业教师进行合作进行人才培养,最终成为企业研发团队的骨干力量;另一方面,在长期合作过程中,经常性出现短期性技术难题,从而针对技术瓶颈进行短期攻关,在此过程中实现人才培养与企业利益创造的双赢目标。

(二)鼓励青年教师入站企业博士后,强化企业需求与高校人才培养的纽带

企业博士后培养模式是我国博士后人才培养的一种重要形式,它以

我国的博士后制度做保障，为高校青年教师打造了新的工程实践平台，采用新的人才考核评价体系，在工程实践中提升青年教师的科研、实践能力，从而有效地解决了高校青年教师培养过程中与生产环节脱节的问题，进一步加强校企合作的纽带，开辟高校青年教师成长新路径。近年来，为了吸引人才回流，国内高校大力从国外引进人才，海外引才有利于引进国外先进科研经验和提高国内基础研究的水平。然而，在此过程中也存在引进的人才在学生培养过程中知识结构缺失、工程经验匮乏等问题，该现象已经成为培养一流工程技术人才的一种阻碍。针对这些问题，提出了通过青年教师到企业进行博士后合作研究，力求提升青年教师自身知识结构、工程背景，提高专业课授课水准，预期能有效解决一线专业复合型青年教师的专业技能培养和提升问题。一方面，他们深入生产一线，探究金属材料在生产过程中存在的问题，并及时改良生产工艺、解决问题，为企业创造收益；另一方面，他们将生产一线中遇到的问题融入课堂教学的知识点中，从而可以深入浅出地剖析理论知识，并有效地与生产实践相结合。

参考文献

[1]陈红.材料成型及控制工程专业人才培养模式[J].山东工业技术，2017(4):268.

[2]陈年和.高职教育建筑工程技术专业人才培养体系创新与实践[M].南京:南京大学出版社,2018.

[3]陈泽中.材料成型及控制工程创新实践[M].北京:机械工业出版社,2017.

[4]陈正,樊宇,王延庆.材料成型专业实践认识[M].徐州:中国矿业大学出版社,2016.

[5]丁桦.材料成型及控制工程专业实验指导书[M].沈阳:东北大学出版社,2013.

[6]冯玮,韩星会,兰箭,等.新工科背景下材料成型及控制工程专业人才培养模式探索[J].模具工业,2022(6):67-70.

[7]郭国林,崔辰硕,欧文敏,等.地方本科院校材料成型及控制工程专业应用型人才培养研究[J].科教文汇,2021(12):74-75.

[8]郭智兴,鲜广,曹建国,等.材料成型及控制工程专业实验教程[M].成都:四川大学出版社,2018.

[9]韩小峰.材料成型与控制技术专业人才培养方案[M].北京:高等教育出版社,2010.

[10]李戬.材料成型及控制工程专业实验实训教程[M].北京:北京航空航天大学出版社,2019.

[11]李养良,张德勤,孙国栋,等.基于OBE理念的材料成型专业校企"二八合作"人才培养模式研究[J].大学教育,2023(15):122-125,129.

[12]李志坚,李琼.模因论视域下的大学英语教师发展模式研究[J].才智,2023(33):60-62.

[13]刘贤伟,马永红.科技人力资本视角下工程拔尖创新人才培养的实践与探索:基于教育部高校和工程院所联合培养博士生试点项目的实证研究[M].北京:中央编译出版社,2017.

[14]倪增磊,王艳红,彭进,等.新工科背景下材料成型及控制工程专业培养创新人才存在的问题及解决策略[J].科教导刊-电子版(下旬),2022(12):42-44.

[15]盘茂森,莫才颂,马李,等.基于应用型人才培养的材料成型设备课程教学改革与实践[J].造纸装备及材料,2020(3):220-221.

[16]孙德林.创新创业多样化人才培养模式研究:基于"本科教学工程""专业综合改革"视角[M].北京:科学出版社,2014.

[17]王敏,王璐瑶,左茜,等.新工科视阈下材料成型及控制工程专业应用型人才培养模式探索[J].高教学刊,2021(29):163-166.

[18]王枝茂,王峰,刘国帅.课程思政视角下材料成型及控制工程专业人才培养的三点思考[J].铸造设备与工艺,2021(1):56-58.

[19]谢红秀.基于混合式学习共同体的大学英语青年教师教学能力提升研究[J].山东电力高等专科学校学报,2023(6):55-58.

[20]张晓宇,张晗,王敏,等.新工科视角下材料成型及控制工程专业人才培养模式[J].北华航天工业学院学报,2023(1):48-50.

[21]章丽萍,姚威.基于产业创新的工程科技人才培养研究[M].杭州:浙江大学出版社,2013.

[22]郑伟.创新人才培养体系研究与建设空天工程CDIO与领导力计划实践[M].北京:高等教育出版社,2017.

[23]李兰云,李霄,刘静,等.材料成型卓越人才自主探究性培养模式研究与实践[J].高教学刊,2019(15):154-156.